Schnelleinstieg in die Chargenverwaltung für SAP S/4HANA®

Paul-Werner Neiss

Willkommen bei Espresso Tutorials!

Unser Ziel ist es, SAP-Wissen wie einen Espresso zu servieren: Auf das Wesentliche verdichtete Informationen anstelle langatmiger Kompendien – für ein effektives Lernen an konkreten Fallbeispielen. Viele unserer Bücher enthalten zusätzlich Videos, mit denen Sie Schritt für Schritt die vermittelten Inhalte nachvollziehen können. Besuchen Sie unseren YouTube-Kanal mit einer umfangreichen Auswahl frei zugänglicher Videos: *https://www.youtube.com/user/EspressoTutorials*.

Kennen Sie schon unser Forum? Hier erhalten Sie stets aktuelle Informationen zu Entwicklungen der SAP-Software, Hilfe zu Ihren Fragen und die Gelegenheit, mit anderen Anwendern zu diskutieren:

http://www.fico-forum.de.

Eine Auswahl weiterer Bücher von Espresso Tutorials:

- Björn Weber, Nikolaus Fankhauser:
  Schnelleinstieg in die Produktionsprozesse (PP) in SAP® ERP und S/4HANA® – 3., erweiterte Auflage *http://5387.espresso-tutorials.de*
- Paul-Werner Neiss:
  Schnelleinstieg in SAP S/4HANA® EAM (Anlagenmanagement)
  http://5423.espresso-tutorials.de
- Rainer Neumann, Dieter Schraad:
  Variantenkonfiguration in SAP S/4HANA®
  http://5512.espresso-tutorials.de
- Christine Kühberger:
  Materialwirtschaft (MM) in SAP S/4HANA® – Deltafunktionen und Customizing *http://5556.espresso-tutorials.de*
- Ilka Dischinger:
  Lohnbearbeitung mit SAP S/4HANA® – Einkaufs- und Produktionsprozess *http://5649.espresso-tutorials.de*
- Ingo Licha:
  Einkaufsorientierte Bedarfsplanung mit SAP® – 2. Auflage
  https://es-tu.de/8YqKf5

Bibliografische Information der Deutschen Nationalbibliothek
Die Deutsche Nationalbibliothek verzeichnet diese Publikation in der Deutschen Nationalbibliografie; detaillierte bibliografische Daten sind im Internet über https://portal.dnb.de abrufbar.

Paul-Werner Neiss
Schnelleinstieg in die Chargenverwaltung für SAP S/4HANA®

ISBN: 978-3-960120-75-9

Lektorat: Bernhard Edlmann

Korrektorat: Die Korrekturstube

Coverdesign: Philip Esch

Coverfoto: iStockphoto.com | FotografiaBasica No. 170157794

Satz & Layout: Johann-Christian Hanke

1. Auflage 2023

URL: *www.espresso-tutorials.de*

Feedback:
Wir freuen uns über Fragen und Anmerkungen jeglicher Art. Bitte senden Sie diese an: *info@espresso-tutorials.com*.

Inhaltsverzeichnis

Vorwort

Unter Chargen versteht man bestimmte Teilmengen einer Produktionsmenge, die man beschafft, herstellt oder verpackt.

In bestimmten Industrien, wie beispielsweise in der Lebensmittel- und Konsumgüterproduktion oder in pharmazeutischen Unternehmen, ist es unbedingt erforderlich, den Lebenszyklus eines Produkts von der Beschaffung der Einzelkomponenten bis zur Auslieferung des fertigen Erzeugnisses an den Kunden zu überwachen. Dies ist einerseits vom Gesetzgeber vorgeschrieben, es dient andererseits aber auch dazu, bei auftretenden Problemen Auswirkungen und mögliche Ursachen einzugrenzen und Folgeschäden zu minimieren, etwa indem man rasch eine Rückrufaktion einleitet.

Generell ist die Chargenverwaltung immer dann von Interesse, wenn eine Rückverfolgbarkeit von Beständen und Produkten gewährleistet sein muss.

Dieser Schnelleinstieg soll Sie mit der Chargenverwaltung in SAP S/4HANA vertraut machen. Mein Ziel ist allerdings nicht, Ihnen Customizing-Einstellungen zu erklären oder eine Endbenutzerdokumentation zu liefern. Vielmehr möchte ich Ihnen einen Einblick in die Funktionen geben, die Ihnen das SAP-System zur Chargenverwaltung bietet, und Ihnen die hierbei wichtigsten anwendungsübergreifenden Prozesse in SAP S/4HANA näherbringen.

Der Einstieg in eine Transaktion erfolgt, wo immer möglich, über Fiori-Apps. Allerdings greifen bei nahezu allen Standard-Apps der Chargenverwaltung die sich daran anschließenden Prozesse auf die jeweilige Transaktion in SAP GUI für HTML zu.

Für dieses Buch wurde die Produktversion SAP S4/HANA 2020 – SAPUI5 1.71.21 genutzt.

Für wen ist dieses Buch gedacht?

Ich richte mich an Mitarbeiter in der Planung und Produktion, der Materialwirtschaft inklusive Lagerhaltung und der Qualitätssicherung. Dieses Buch soll Ihnen erste Informationen und Erkenntnisse über die Möglichkeiten geben, die Sie durch Einsatz der Chargenverwaltung in SAP gewinnen. Die Darstellung ist rein prozessbezogen und nicht als Anleitung für die Implementierung der Chargenverwaltung in SAP oder der SAP-Logistik zu verstehen.

Gliederung des Buches

Kapitel 1 führt Sie in die Grundlagen der Chargenverwaltung in SAP ein. Sie erfahren, warum eine Chargenverwaltung notwendig sein kann, wie sich Chargenpflicht und Chargenebene auswirken und wie die Chargenverwaltung in die SAP-Lieferkette integriert ist.

Kapitel 2 beschreibt die Voraussetzungen, die Sie für die Chargenverwaltung in SAP schaffen müssen. Ich erläutere Ihnen den Chargenstammsatz und die Chargenklassifizierung. Sie erfahren, wie Sie ein Klassenmerkmal und eine Klasse anlegen und wie Sie die Merkmale dieser Klasse zuordnen. Daneben erkläre ich die Anlage einer Charge und gehe auf die getrennte Bewertung ein.

Kapitel 3 beschreibt die Chargenfindung: Was versteht man darunter, und wie bzw. aus welchen Anwendungen heraus kann sie aufgerufen werden?

Kapitel 4 zeigt einige wichtige Funktionen der Chargenverwaltung: Was ist eine Chargenzustandsverwaltung, wie wird das Mindesthaltbarkeitsdatum geprüft (automatisch oder manuell)? Des Weiteren gehe ich in diesem Kapitel auf die Chargenableitung ein. Diese war früher als Chargenvererbung bekannt und dient dazu, voreingestellte Merkmalswerte bei einer Buchung an eine Folgecharge zu übergeben.

Kapitel 5 beschäftigt sich mit weiteren Funktionen der Chargenverwaltung.

Kapitel 6 zeigt Ihnen, wie die Chargenverwaltung in die Prozesse von Lagerhaltung, Produktion und Qualitätsmanagement eingreifen kann.

Kapitel 7 listet einige der wichtigsten Transaktionen im GUI-Modus auf.

In Kapitel 8 schließlich gebe ich Ihnen ein kurzes Fazit sowie einen Ausblick auf kommende Releases.

In den Text sind Kästen eingefügt, um wichtige Informationen besonders hervorzuheben. Jeder Kasten ist zusätzlich mit einem Piktogramm versehen, das diesen genauer klassifiziert:

Hinweis

Hinweise bieten praktische Tipps zum Umgang mit dem jeweiligen Thema.

Beispiel

Beispiele dienen dazu, ein Thema besser zu illustrieren.

! Achtung

Warnungen weisen auf mögliche Fehlerquellen oder Stolpersteine im Zusammenhang mit einem Thema hin.

Die Form der Anrede

Um den Lesefluss nicht zu beeinträchtigen, verwenden wir im vorliegenden Buch bei personenbezogenen Substantiven und Pronomen zwar nur die gewohnte männliche Sprachform, meinen aber gleichermaßen Personen weiblichen und diversen Geschlechts.

Hinweis zum Urheberrecht

Sämtliche in diesem Buch abgedruckten Screenshots unterliegen dem Copyright der SAP SE. Alle Rechte an den Screenshots hält die SAP SE. Der Einfachheit halber haben wir im Rest des Buches darauf verzichtet, dies unter jedem Screenshot gesondert auszuweisen.

1 Grundlagen der Chargenverwaltung

In allen Unternehmen, die der Prozessindustrie zugeordnet werden, wie beispielsweise in der Lebensmittelindustrie, in Chemie- oder Pharmaunternehmen, gehört der Begriff »Charge« zum Alltag. Jeder logistische Prozess, vom Einkauf bis zur Auslieferung der fertigen Produkte, kann über Chargen gesteuert werden. Das bedeutet, dass bestimmte Eigenschaften einer Teilmenge aus der Produktion in der Charge gesammelt und dokumentiert werden.

In diesem Kapitel möchte ich Ihnen erläutern, warum eine Chargenverwaltung wichtig sein kann und welche Auswirkungen der Einsatz von Chargen auf die Konstanz eines Produkts über mehrere Produktionszyklen hat.

1.1 Chargen und die Notwendigkeit einer Chargenverwaltung

Der Begriff »Charge« wird unterschiedlich definiert, teilweise verwendet man auch andere Ausdrücke hierfür. Selbst innerhalb derselben Firma spricht man statt von einer Charge oftmals ebenso von einem »Los« oder einem »Batch«. Gemeint ist aber immer dasselbe.

Eine amtliche Definition von »Charge« findet sich in der DIN EN 1401 (Bereitstellung von Informationen durch den Hersteller von Medizinprodukten).

☛ Definition Charge – DIN EN 1401

Eine definierte Menge von Stoffen oder eine Anzahl von Medizinprodukten, einschließlich Endprodukt und Zubehör, der/die in einem Verfahren oder in einer Reihe von zusammenhängenden Verfahren verarbeitet wird.

Die allgemeine Definition fasst den Begriff etwas weiter.

Definition einer Charge – allgemein

Eine Charge ist eine definierte Menge eines Materials und weist die folgenden Merkmale auf:

- Herstellung unter gleichen Bedingungen und Verwendung der gleichen Ausgangsmaterialien
- Fertigung in einem Vorgang oder in einem Teil eines fortlaufenden Prozesses
- Einheitliche Eigenschaften in Bezug auf Qualität und Beschaffenheit

Diese allgemeine Definition entspricht dem Verständnis von Chargen im SAP-System. Demnach muss bei der Entwicklung und Herstellung eines Produkts darauf geachtet werden, dass es alle reproduzierbaren Eigenschaften enthält, die durch den Herstellungsprozess beeinflusst werden. Dies sind z. B. Kennwerte des Produkts (Spezifikationen) oder der Verpackung.

Solche Kennwerte können z. B. auch Ergebnisse der Wareneingangsprüfung sein, die in der Charge hinterlegt werden. Aufgrund dieser Werte kann der Einsatz einer Charge so angepasst werden, dass im Endprodukt immer der gleiche Anteil an Wirkstoff(en) vorhanden ist. Dies bedeutet, dass, wenn der Anteil an wirksamer Substanz im Eingangsprodukt höher ist, die Dosierung dieser Charge im Endprodukt erniedrigt werden kann, um eine identische Wirksamkeit des Endprodukts zu gewährleisten.

In der Charge eines Produkts finden sich die genauen Werte einer Spezifikation. Diese sind nicht reproduzierbar und nur für diese eine Charge gültig.

Als Beispiel dient die schematische Darstellung in Abbildung 1.1.

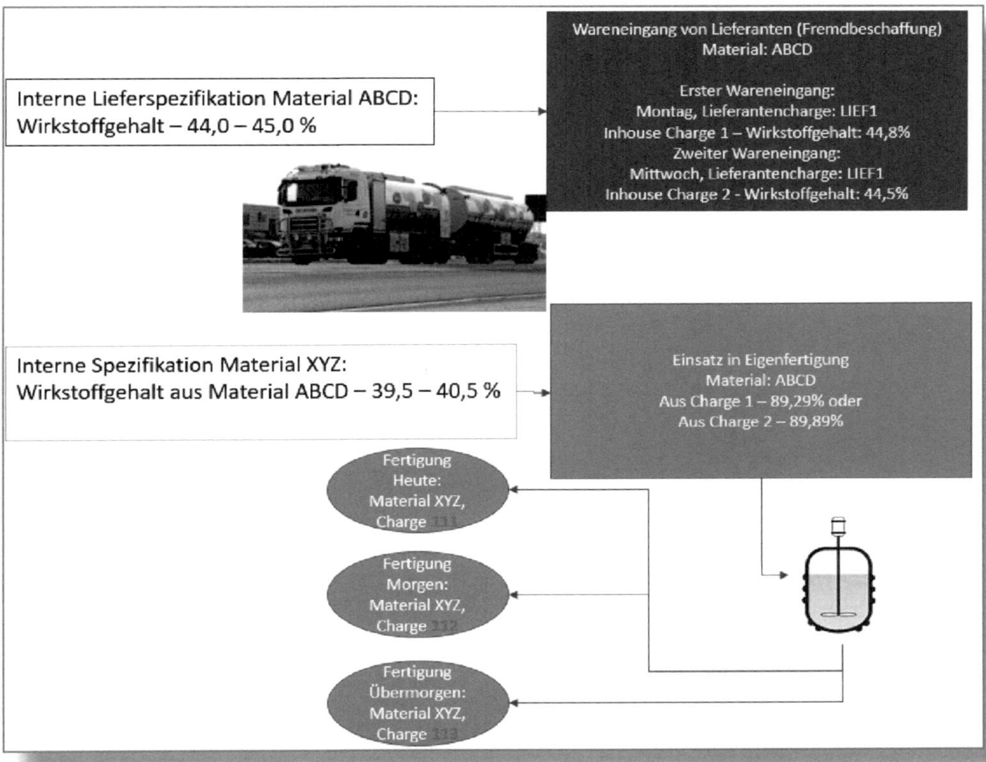

Abbildung 1.1: Zusammenhang von Material und Charge

In diesem Beispiel hat das Material ABCD einen festgelegten Wirkstoffgehalt zwischen 44 und 45 Prozent. Die beiden gelieferten Chargen haben unterschiedliche Wirkstoffgehaltswerte, die fest mit der jeweiligen Charge des Materials ABCD verbunden sind (Inhouse-Charge 1 und Inhouse-Charge 2).

Bedeutung der Lieferantencharge

Auch wenn ein geliefertes Material augenscheinlich in ein und derselben Produktionskampagne des Herstellers gefertigt wurde – erkennbar an der gleichen Lieferantencharge –, sind es doch zwei unterschiedliche Chargen, da die Lieferungen an zwei verschiedenen Tagen erfolgten. Die Lieferantencharge wird im SAP-System festgehalten, damit bei einer eventuellen Reklamation darauf verwiesen werden kann.

Das gelieferte Material ABCD wird nun in der Eigenproduktion eingesetzt. Daraus soll ein eigengefertigtes Produkt entstehen, das einen Gehalt des Wirkstoffs von Material ABCD von 40 Prozent hat. Es ist dabei wichtig, die dafür reservierte Charge einzusetzen, denn nur damit bekommt man genau diesen Wirkstoffgehalt mit der berechneten Einsatzmenge.

Korrekte Einsatzmenge berechnen

Produzierte Menge: 100 kg

Erforderlicher Wirkstoffanteil: 40 % (=40 kg)

Wirkstoffanteil der eingesetzten Komponente (in unserem Beispiel Material ABCD): 44,5 %

Erforderliche Menge an Material ABCD: 89,89 %

Mit diesem Anteil von 89,89 % erreichen wir einen Wirkstoffanteil von 40 % in unserem Fertigprodukt.

Damit wird auch klar, dass eine Chargennummer immer eindeutig sein muss, sei es auf Werksebene oder auf Materialebene (hierauf gehe ich in Abschnitt 1.2 näher ein). Wenn die Produktion einer Teilmenge abgeschlossen ist, muss für die der nächsten Teilmenge eine neue Chargennummer vergeben werden. Dies gilt auch, wie in unserem Beispiel, bei einer Unterbrechung der Produktion durch das

Nur wenn alle Chargennummern eindeutig sind, ist eine lückenlose Rückverfolgung gewährleistet.

Wie Sie die einzelnen Chargen definieren, bleibt Ihnen überlassen. Sie können diese an der Produktionsmenge, aber auch am Produktionszeitraum festmachen.

! Chargenpflicht

In einigen Ländern, so auch in Deutschland, ist für spezifische Bereiche, z. B. die Pharma- oder Lebensmittelproduktion, eine Chargenverwaltung vorgeschrieben, damit bei Unregelmäßigkeiten eine lückenlose Rückverfolgbarkeit bis zu den Rohstofflieferanten gewährleistet ist. Dies lässt sich nur realisieren, wenn die Produkte eindeutig identifizierbar sind.

1.1.1 Vorteile der Chargenverwaltung

Festlegung spezifischer Chargen

Sowohl für die Auslieferung an Kunden als auch für die Bereitstellung für die eigene Produktion werden den Chargen spezielle Attribute über Chargenmerkmale zugewiesen. Anhand dieser Attribute können Chargen exakt gesucht und für das eigengefertigte Produkt reserviert werden.

Chargen im Bestellprozess

Schon bei der Bestellung kann dem angeforderten Produkt eine Charge zugewiesen und diese in SAP angelegt werden.

Einzel-/Getrenntbewertung von Chargen

Sie können eine Bewertung pro Charge und nicht pro Material durchführen. Dies erlaubt eine Unterscheidung zwischen neuer Ware, rückgesendeter, gebrauchter oder reparierter Ware, die jeweils mit einem festgelegten Prozentsatz des Warenwerts bewertet werden kann.

Monitoring von Bestandsänderungen, Entnahmen, Einsatz

Jede Änderung an einer Charge, sei es eine Entnahme oder ein Einsatz in einem Produktionsauftrag, wird (über das Customizing konfigurierbar) in Echtzeit in SAP dokumentiert.

Rückverfolgung

Jede Charge, die in SAP über Materialdokumente verbucht wurde, kann vom Wareneingang über die Produktion bis zur Auslieferung an den Kunden nachverfolgt werden.

Chargensuchstrategie

Über eine Chargensuchstrategie können Sie einem Produktionsauftrag exakt die Chargen zuordnen, die spezielle Anforderungen erfüllen bzw. ganz bestimmte Kennwerte besitzen. Das Gleiche gilt für die Auslieferung von Produkten an Kunden. Auch hier liegen oftmals spezielle Anforderungen an das Produkt vor, die ebenfalls über eine Chargensuchstrategie gefiltert und dann gemäß den Forderungen geliefert werden.

Die Chargenfindung werde ich Ihnen in Kapitel 3 näher erläutern.

1.1.2 Durchsetzung gesetzlicher Vorgaben

Mindesthaltbarkeit, Analysenwerte oder sonstige Kennwerte können Sie als Chargenmerkmale in der Charge hinterlegen. All das kann jederzeit abgerufen werden, auch wenn die Charge physisch nicht mehr vorhanden ist.

Die gesetzlichen Vorgaben hierfür beruhen auf Bestimmungen wie z. B. der deutschen Los-Kennzeichnungs-Verordnung (LKV) vom 23. Juni 1993, die sich ausschließlich auf die Kennzeichnung von Lebens- und Futtermitteln bezieht. Auf europäischer Ebene wird dies in der Verordnung (EG) 178/2002 des Europäischen Parlaments und des Rates vom 28. Januar 2002 behandelt. Auch die amerikanische Food and Drug Administration (FDA) fordert eine lückenlose Rückverfolgbarkeit von Chargen in der Current Good Manufacturing Practice (cGMP).

Ebenso können über Produktionsbedingungen spezielle Anforderungen an die Chargenverwaltung gestellt werden.

Wie in Abbildung 1.1 dargestellt, müssen Kennwerte, die für eine Rückverfolgung oder eine spezielle Verwendung der Charge notwendig sind, in der Charge festgehalten werden.

1.2 Chargenpflicht und Chargenebene

Sofern Ihr Unternehmen nicht der oben angesprochenen Chargenpflicht unterliegt, entscheiden Sie selbst, ob ein Material chargenpflichtig ist oder nicht. Wenn Sie das Kennzeichen setzen, hat dies weitereichende Konsequenzen für die komplette Lieferkette in der Logistik. Ob ein Material einer Chargenpflicht unterliegt, sollten Sie mit den beteiligten Abteilungen klären, bevor Sie zum ersten Mal mit diesem Material arbeiten.

Die Einführung der Chargenverwaltung im laufenden Betrieb ist sehr aufwendig; eine Rücknahme der Chargenpflicht ist nicht mehr möglich, wenn zu einem bestimmten Material bereits Chargen angelegt wurden.

1.2.1 Aktivierung der Chargenpflicht

Die Chargenpflicht aktivieren Sie in der Lagerverwaltungssicht im Materialstamm (siehe Abbildung 1.2).

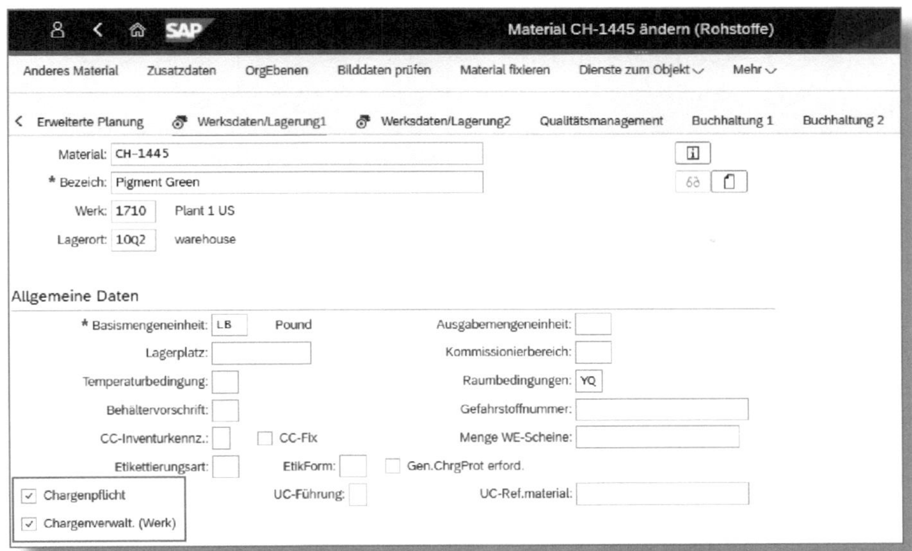

Abbildung 1.2: Chargenpflicht aktivieren

Sie können die Chargenpflicht auch auf anderen Sichten einrichten:

- Einkaufssicht
- Vertrieb
- Arbeitsvorbereitung
- Lagerverwaltung

Das hängt auch von der Materialart ab – je nachdem, ob es sich um einen zugekauften Rohstoff handelt oder ein produziertes Fertigprodukt handelt. Ich bevorzuge die Lagerverwaltungssicht, da diese immer vorhanden sein sollte. Dabei ist gleich, auf welcher Sicht Sie diese Einstellung pflegen, sie gilt immer für das gesamte Material.

Sie sehen zwei Felder für die Chargenverwaltung. Das Feld für die Chargenverwaltung auf Werksebene ist beim Anlegen Ihres neuen Materials grau und nicht eingabebereit. Wenn Sie das Material allerdings als chargenpflichtig markieren, wird das Feld CHARGENVERWALT. (WERK) automatisch für das Werk, dem Sie das Material zuordnen, gesetzt. SAP geht davon aus, dass für das betreffende Werk die Chargeneinzelbewertung gilt.

Chargeneinzelbewertung

Die Chargeneinzelbewertung nutzen Sie, wenn Sie bei einer wertmäßigen Bestandsführung den Preis bzw. Wert jeder Charge separat festhalten möchten (siehe hierzu Näheres in Abschnitt 2.4).

Sie haben jetzt für ein Material die Chargenpflicht aktiviert. Das bedeutet: Jeder Teilbestand dieses Materials muss einer Charge zugeordnet sein. Ein Chargenstammsatz wird automatisch angelegt, wenn für dieses Material eine Warenbewegung erfolgt. In der Folge bedeutet dies aber auch, dass Sie keine Menge dieses chargenpflichtigen Materials mehr buchen können, ohne eine Charge anzugeben. Ob Wareneingang, Umbuchung, Zuordnung zu einem Produktionsauftrag oder Warenausgang – Sie müssen immer gegen eine Charge buchen.

Sie können allerdings über das Customizing festlegen, dass die Chargenpflicht auf Werksebene eingestellt wird.

1.2.2 Chargenebene

Zwar möchte ich in diesem Buch nicht in größerem Umfang über Customizing-Einstellungen sprechen, die Festlegung der Chargenebene ist jedoch eine Entscheidung, die Sie frühzeitig nach Einführung der Chargenverwaltung treffen müssen. Über die Chargenebene definieren Sie die Eindeutigkeit einer Chargennummer.

SAP bietet drei mögliche Chargenebenen an:

- Charge eindeutig auf Werksebene
- Charge eindeutig auf Materialebene
- Charge eindeutig auf Mandanteneben zu einem Material

Im Auslieferungszustand eines SAP-Systems ist die Chargenebene auf Materialebene eingestellt. In dieser Einstellung ist eine Charge zu einem Material eindeutig. Das bedeutet, Sie müssen, sofern Sie das Material in ein anderes Werk umlagern, keine neue Charge in diesem anderen Werk anlegen. Es werden alle Daten und Spezifikationen der liefernden Charge übernommen.

Ändern Sie die Chargenebene auf »Charge eindeutig auf Werksebene«, kann es sein, dass die gleiche Charge und das gleiche Material in mehreren Werken mit unterschiedlichen Spezifikationen vorhanden sind.

Die dritte Möglichkeit ist die Einstellung »Chargeneindeutigkeit auf Mandantenebene zu einem Material«. Hier wird eine Chargennummer immer nur ein einziges Mal im gesamten Mandanten vergeben. Es ist also nicht möglich, eine Chargennummer mehreren Materialien, auch nicht in anderen Werken, zuzuordnen.

Änderung der Chargenebene

Wie oben erwähnt, ist die Standardeinstellung im SAP-System die Einstellung »Chargeneindeutigkeit auf Materialebene«. In den meisten Projekten wird allerdings die Chargenebene »Charge eindeutig auf Werksebene« eingestellt. Sie sollten es vermeiden, die Chargenebene im laufenden Betrieb umzustellen, da dies in der Regel mit einem immensen Aufwand verbunden ist.

Wenn Sie die Chargenebene auf Werksebene ändern möchten, müssen Sie sicherstellen, dass die chargenpflichtigen Materialien diese Chargenpflicht in allen Werken haben. Bereits existierende Chargen eines Materials brauchen werksübergreifend unterschiedliche Chargennummern. Sofern Chargen in unterschiedlichen Werken identische Chargennummern haben, müssen diese vor Umsetzung archiviert und existierende Bestände auf eindeutige Chargennummern umgebucht werden.

Möchten Sie die Chargenebene von Material- auf Mandantenebene ändern, müssen Sie dafür sorgen, dass jede Chargennummer nur einmal vorkommt, egal für welches Material. Auch hier wäre der Synchronisierungsaufwand sehr hoch.

In Tabelle 1.1 zeige ich Ihnen, welche Umsetzszenarien zulässig sind.

Von	Nach	Kommentar
Werksebene	Materialebene	Standard
Werksebene	Mandantenebene	Standard
Materialebene	Werksebene	Im Standard nicht zulässig
Materialebene	Mandantenebene	Standard
Mandantenebene	Werksebene	Im Standard nicht zulässig
Mandantenebene	Materialebene	Standard

Tabelle 1.1: Umsetzszenarien der Chargenebene

1.3 Chargen in der Lieferkette

Wie im vorangegangenen Kapitel schon erwähnt, nehmen die Chargen Einfluss auf die gesamte Lieferkette, angefangen mit dem Wareneingang über die Lagerverwaltung und Produktion bis hin zur Lieferung an den Kunden.

In diesem Kapitel möchte ich Ihnen zeigen, wie Chargen in Logistikprozesse eingebunden sind. Da allerdings das Qualitätsmanagement eine nicht unerhebliche Rolle in diesen Prozessen spielt, werde ich auch auf dieses Modul eingehen.

1.3.1 Chargen in Einkauf und Wareneingang

Dieses Kapitel beschäftigt sich hauptsächlich mit der Chargenverwaltung in der Bestandsführung. Der Einkauf selbst hat nur sehr wenige Berührungspunkte mit Chargen. Sie können allerdings bereits im Einkaufsprozess eine Charge anlegen; auf diese wird dann im Wareneingang die bestellte und eingegangene Menge gebucht. Diese Charge können Sie dem Prozess bereits in der Bestellanforderung mitgeben.

Den Ablauf eines Wareneingangsprozesses zeige ich schematisch in Abbildung 1.3 auf.

Sie sehen hier, zu welchem Zeitpunkt die Anlage einer Charge optional ist und wann eine Charge zwingend angelegt werden muss (wir sprechen dabei immer von einem chargenpflichtigen Material). Auch lässt sich bereits der Einfluss des Qualitätsmanagements in diesem Prozess erkennen.

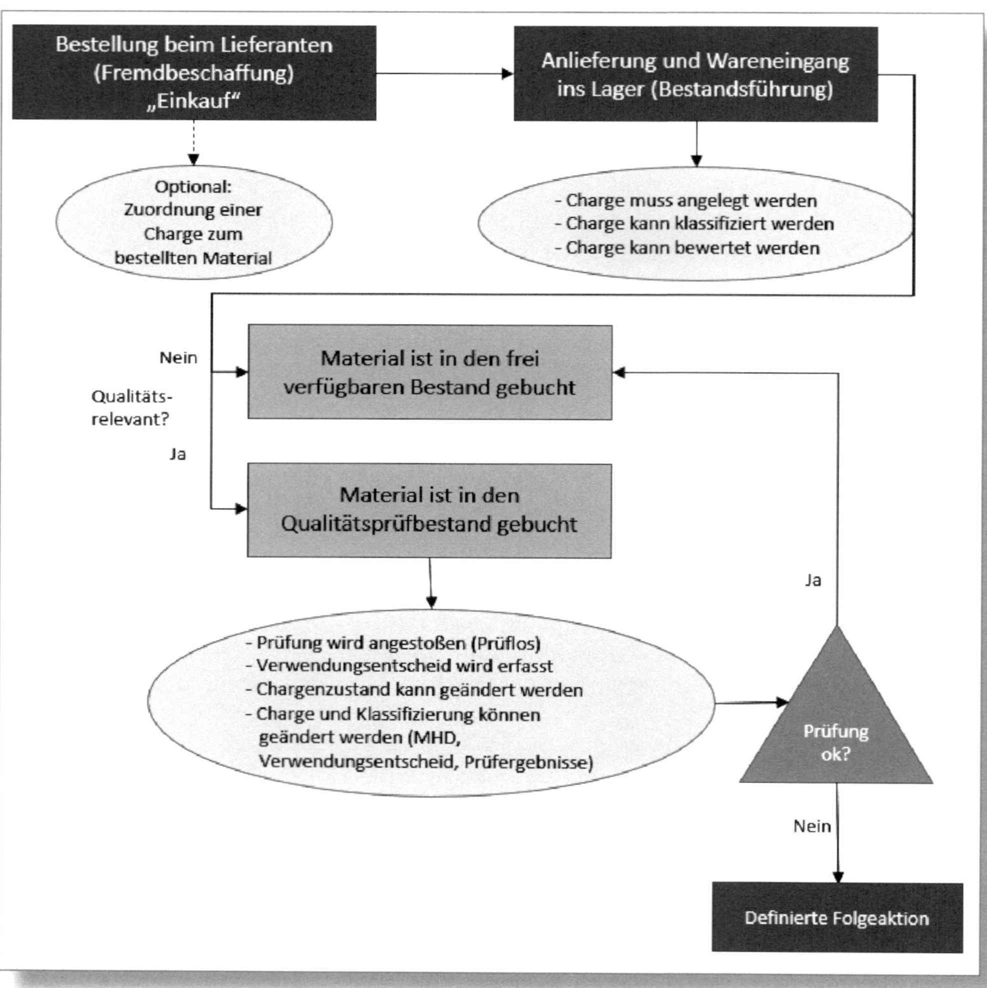

Abbildung 1.3: Charge im Wareneingangsprozess

2 Chargenverwaltung in SAP

Dieses Kapitel behandelt zuerst den Chargenstamm. In diesem zentralen Objekt der Chargenverwaltung werden alle Informationen gesammelt, welche die Charge betreffen. Hier werden auch die Chargenmerkmale gelistet. Sie benötigen diese für die Chargenklassifizierung – ein weiteres Thema in diesem Kapitel.

Nachfolgend erläutere ich Ihnen, wie Sie eine Charge anlegen – manuell oder durch einen Buchungsprozess im System. Anschließend gehe ich kurz auf die getrennte Bewertung ein. Diese Einstellung kann für Zwecke der Buchhaltung und des Controllings wichtig sein.

2.1 Der Chargenstamm

Der Chargenstammsatz enthält alle Daten, die zur Bearbeitung einer Charge notwendig sind. Er besitzt im Standard fünf Reiter, in denen die Daten gesammelt werden. Diese werden entweder aus dem Prozess übernommen oder können manuell eingegeben oder auch geändert werden. Generell unterscheiden wir Chargenstammdaten und Klassifizierungsdaten.

Sie ändern die Charge im GUI-Modus über die Transkation *MSC2N* (Charge bearbeiten), oder Sie nutzen die Fiori-App »Chargen verwalten«.

Da Sie aus dieser Übersicht nicht in die einzelnen Sichten der Charge verzweigen können, nutze ich im Folgenden die App »Charge ändern« (siehe Abbildung 2.1).

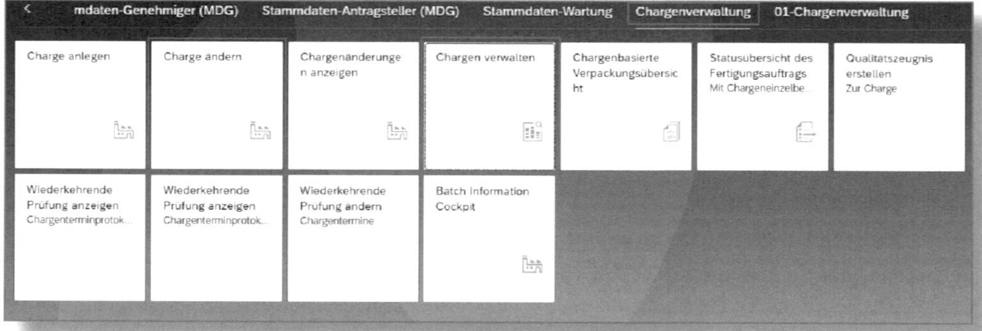

Abbildung 2.1: Fiori-Apps für die Chargenverwaltung

Die Kopfdaten sind auf jeder Sicht gleich. Hier wird die Chargennummer zum MATERIAL, WERK und, soweit vorhanden, LAGERORT angezeigt (siehe Abbildung 2.2).

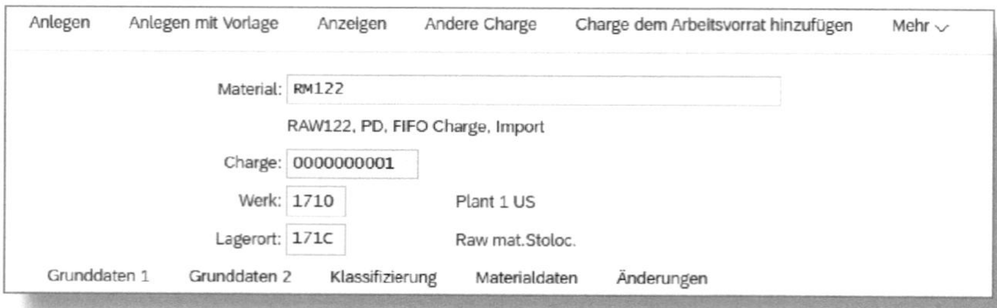

Abbildung 2.2: Kopfdaten einer Charge

! Chargenzuordnung

Eine Charge muss immer zu einem Material angelegt werden. Die Zuordnung zu einem Werk oder einem Lagerort ist optional.

Sie sehen unterhalb der Kopfdaten die fünf Sichten, die zu einer Charge gepflegt werden:

- GRUNDDATEN 1
- GRUNDDATEN 2
- KLASSIFIZIERUNG
- MATERIALDATEN
- ÄNDERUNGEN

! Sicht »Änderungen«

Die Sicht »Änderungen« kann **nicht** manuell geändert werden und ist nur im Änderungs- oder Anzeigemodus der Charge zu sehen, da hier alle Änderungsbelege des Chargenstammsatzes geschrieben werden.

Die Datenfelder der jeweiligen Sichten zeige ich Ihnen in den nachfolgenden Abbildungen.

2.1.1 Grunddaten

Das Register GRUNDDATEN 1 (siehe Abbildung 2.3 und Abbildung 2.5) enthält die wichtigsten Stammdaten zur Charge und ist in drei Sektionen unterteilt:

- Daten zur Verfügbarkeitsprüfung und Mindesthaltbarkeit
- Sonstige Daten
- Handelsdaten

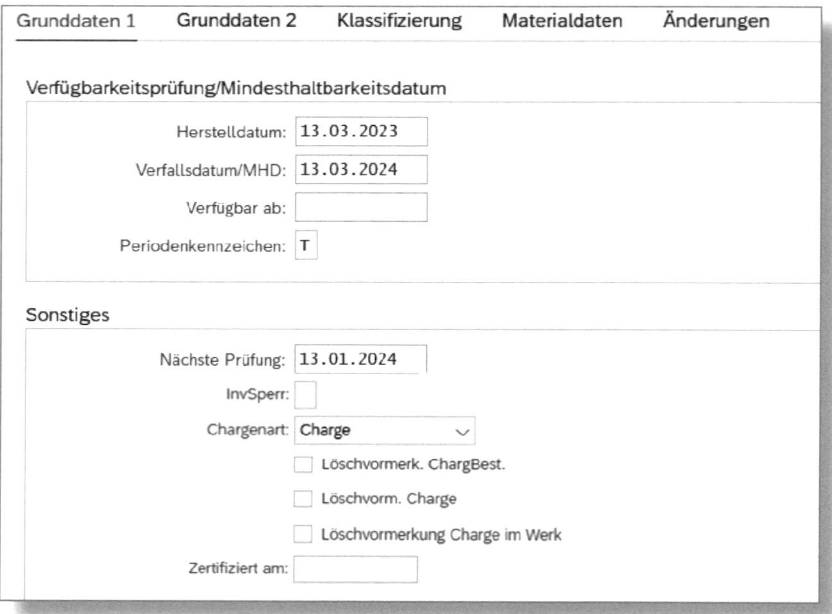

Abbildung 2.3: Grunddaten 1

Die Felder in dieser Sektion der Grunddaten erläutere ich in Tabelle 2.1.

Feldname	Beschreibung
HERSTELLDATUM	Es bezeichnet das Herstelldatum der Charge. Dieses Datum wird bei der Rückmeldung eines Produktions-/Prozessauftrags eingegeben und an die Charge übergeben. Daraus lässt sich das Verfallsdatum errechnen, sofern dies im Materialstamm so eingestellt ist.

Feldname	Beschreibung
VERFALLSDATUM/MHD	In diesem Feld wird das Verfallsdatum (Datum, ab dem die Ware nicht mehr verwendet werden kann – wird überwiegend in der chemischen Industrie verwendet) bzw. das Mindesthaltbarkeitsdatum (MHD, Datum, bis zu dem das Material garantiert verwendet werden kann – wird überwiegend in der pharmazeutischen und Lebensmittelindustrie verwendet) eingetragen. Dieses Datum kann entweder automatisch aus dem Herstell- oder Wareneingangsdatum und der im Materialstamm eingegebenen Gesamthaltbarkeitsdauer berechnet oder aber manuell eingegeben sowie überschrieben werden.
VERFÜGBAR AB	Hier können Sie ein bestimmtes Datum angeben, zu dem die Charge verfügbar ist. Bis dahin wird diese in der Chargenfindung nicht berücksichtigt.
PERIODENKENNZEICHEN	Hiermit legen Sie die Maßeinheit für die Zeitdauer der Haltbarkeit bzw. der Restlaufzeit fest. Welche Eingaben möglich sind, wird im Customizing eingestellt (üblicherweise J, M, W und T – Jahr, Monat, Woche, Tag).
NÄCHSTE PRÜFUNG	Dieses Datum einer wiederkehrenden Prüfung stellen Sie im Materialstamm ein. In der Sicht »Qualitätsmanagement« geben Sie die Anzahl Tage im Feld »Prüfintervall« ein. Nach Ablauf dieser Tage erstellt das System über einen Hintergrundjob ein Prüflos. Damit kann z. B. geprüft werden, ob und wie lange das Material noch einsetzbar ist.
INVSPERR	Dieses Kennzeichen wird systemweise gesetzt, wenn der Bestand an diesem Lagerort wegen Inventur gesperrt ist. Das Feld ist nur sichtbar, wenn die Charge auf Lagerortebene angezeigt wird.

Feldname	Beschreibung
CHARGENART	Diese Einstellung dient zur Unterscheidung zwischen regulären Chargen, die physisch vorhanden sind oder waren, und WIP(= Work in Progress)-Chargen«. Letztere werden angelegt, um den Zustand eines Zwischen- oder Endprodukts zu beschreiben. Darauf gehe ich in Abschnitt 5.3 näher ein.
Löschvormerkung	Hier können Sie Chargen auf verschiedenen Ebenen zum Löschen vormerken. Das bedeutet: Die Chargen werden nicht sofort gelöscht, sondern zum Zeitpunkt der Reorganisation (Archivierung) prüft das Programm, ob die Löschung der gekennzeichneten Chargen erlaubt ist, und löscht diese. Solange dies noch nicht passiert ist, können die Löschvormerkungen wieder zurückgenommen werden: ▶ LÖSCHVORMERK. CHARGBEST. – alle Chargen, die mit diesem Kennzeichen versehen sind, werden auf Lagerortebene gelöscht. ▶ LÖSCHVORM. CHARGE – alle so gekennzeichneten Chargen werden auf Mandantenebene gelöscht. ▶ LÖSCHVORMERKUNG CHARGE IM WERK – alle so gekennzeichneten Chargen werden auf Werksebene gelöscht.
ZERTIFIZIERT AM	Hier können Sie das Datum eingeben, an dem die jeweilige Charge durch eine qualifizierte Person freigeben wurde. Dieses Feld wird nicht durch das System befüllt.

Tabelle 2.1: Felder »Grunddaten 1«

Die Information zum CHARGENZUSTAND sehen Sie nur, wenn über das Customizing die Chargenzustandsverwaltung aktiviert wurde (siehe Abbildung 2.4).

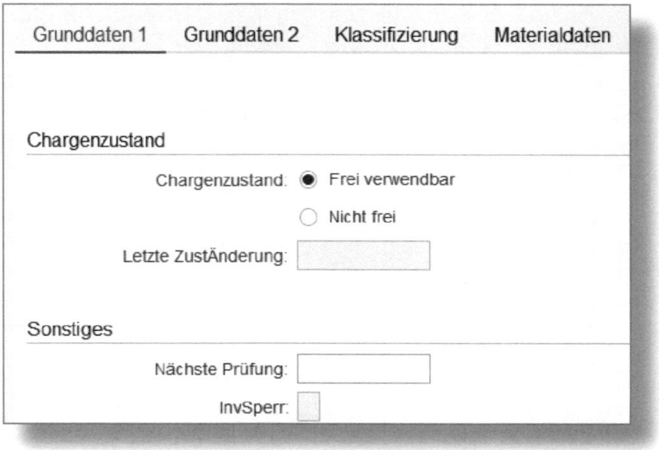

Abbildung 2.4: Chargenzustandsverwaltung aktiv

Sie können die Charge hier über den Radiobutton NICHT FREI manuell sperren oder automatisch durch den Verwendungsentscheid einer Qualitätsprüfung sperren lassen, sofern die Charge bei der Qualitätsprüfung zurückgewiesen wurde (dabei setzt das System automatisch im Hintergrund den Button NICHT FREI). Eine Sperre über den Verwendungsentscheid kann manuell über den beschriebenen Radiobutton rückgängig gemacht werden.

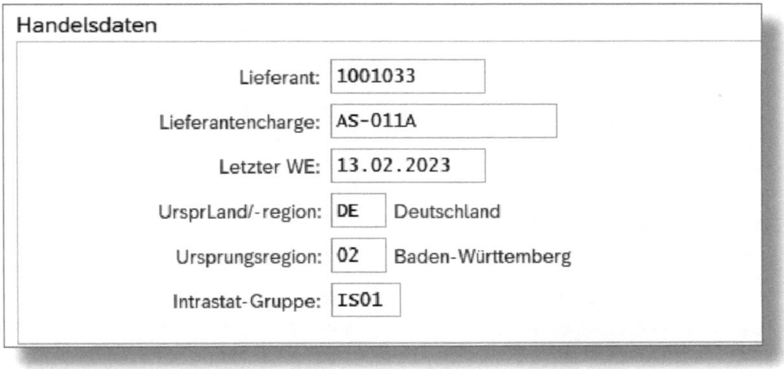

Abbildung 2.5: Grunddaten 1 – Handelsdaten

Die Felder zu den HANDELSDATEN im unteren Teil des Tabs GRUNDDATEN (siehe Abbildung 2.5) erläutere ich in Tabelle 2.2.

Feldname	Beschreibung
LIEFERANT	Sofern der Lieferant bekannt ist, also aus einem Beleg eindeutig gelesen werden kann, wird die Lieferantennummer hier aus dem Beleg übernommen.
LIEFERANTENCHARGE	Hier können Sie die Charge des Lieferanten eingeben (Bezeichnung/Nummer, mit der diese Charge vom Lieferanten gekennzeichnet wurde).
LETZTER WE	Hier steht der Tag, an dem der letzte Wareneingang für diese Charge stattgefunden hat; dies kann ein Wareneingang aus der Bestellung oder der Produktion sein.
URSPRUNGSLAND	Hier können Sie das Land eingeben, in dem die Charge gefertigt wurde. Dies ist eine gesetzliche Forderung, wenn es sich um ein Material handelt, das ein- oder ausgeführt wird.
URSPRUNGSREGION	Hier können Sie das Ursprungsland näher spezifizieren, indem Sie eine Region innerhalb des Ursprungslandes auswählen. Sobald Sie ein Ursprungsland eingegeben haben, zeigt das System nur die gepflegten Regionen dieses Landes an.
INTRASTAT-GRUPPE	Mit diesem Feld können Sie diese Charge zu einer Materialgruppe mit ähnlichen Intrastat-Anforderungen zuordnen. Intrastat ist die innergemeinschaftliche Handelsstatistik der EU-Mitgliedsstaaten. Die Intrastat-Gruppen müssen im Customizing angelegt werden.

Tabelle 2.2: Felder »Grunddaten 1 – Handelsdaten«

Der Reiter GRUNDDATEN 2 (siehe Abbildung 2.6) enthält optionale Eingaben und (nicht änderbare) Verwaltungsdaten über die anlegende/ändernde Person und das Anlage-/Änderungsdatum.

Abbildung 2.6: Grunddaten 2

Im Feld SPRACHENSCHLÜSSEL bestimmen Sie die Sprache, in der Sie Texte pflegen wollen und in der Texte auch ausgegeben werden.

Über KURZTEXT legen Sie einen Text mit Informationen an, die Sie für diese Charge als wichtig erachten (max. 40 Zeichen). Über den Langtext-Editor () können Sie den Kurztext näher erläutern.

Danach folgen sechs Datumsfelder, über deren Verwendung Sie eigenständig verfügen können.

2.1.2 Klassifizierung

Im Bereich der Klassifizierung (siehe Abbildung 2.7) ordnen Sie der Charge eine Chargenklasse zu. Die Chargenklassifizierung werde ich in Abschnitt 2.2 näher erklären.

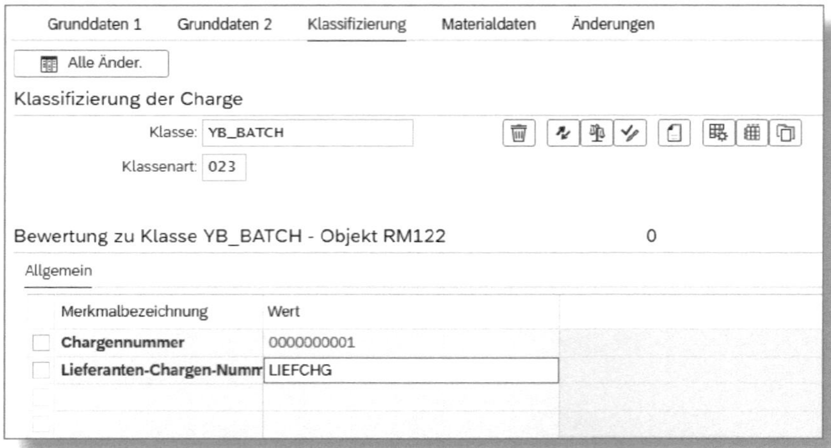

Abbildung 2.7: Klassifizierung

Sofern im Customizing eine automatische Klassifizierung der Charge eingestellt ist, wird die ermittelte Klasse der neu angelegten Charge automatisch zugeordnet. Die Klasse enthält verschiedene Merkmale, die eine Chargenfindung (siehe Kapitel 3) ermöglichen. Die Merkmale in der Klasse können automatisch oder manuell befüllt werden.

Es gibt in diesem Reiter einige Buttons (siehe Abbildung 2.8), deren Funktion ich Ihnen in Tabelle 2.3 erläutere.

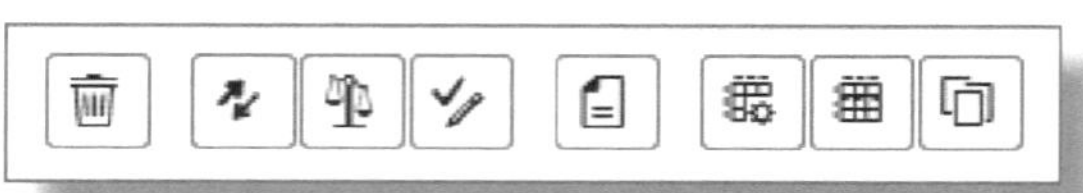

Abbildung 2.8: Push-Buttons im Reiter »Klassifizierung«

	Mit diesem Button löschen Sie die komplette Klassifizierung.
	Mit diesem Button können Sie einen Trace (Produktion und Verteilung von Chargen) erzeugen. Dazu müssen Sie allerdings die entsprechenden Auswahlkriterien einstellen.
	Damit prüfen Sie, ob es innerhalb der Klassifizierung Inkonsistenzen gibt (z. B. fehlende Eingaben).

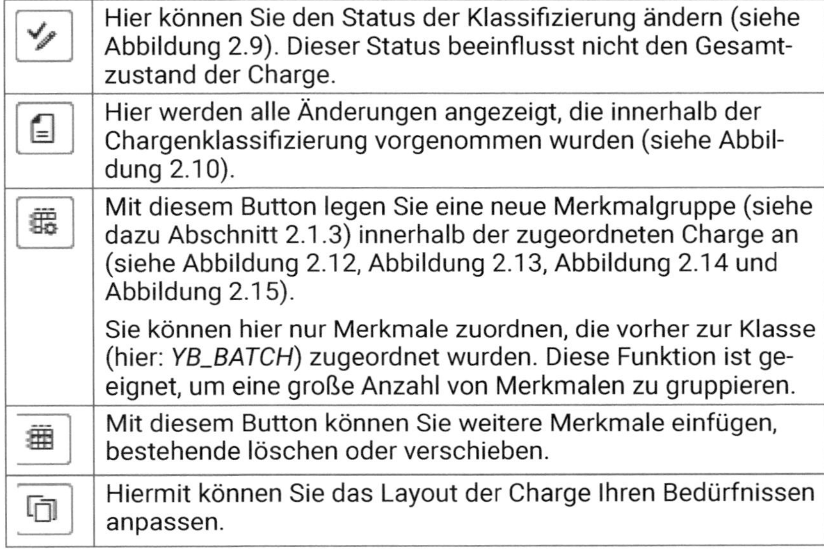

Button	Bedeutung
	Hier können Sie den Status der Klassifizierung ändern (siehe Abbildung 2.9). Dieser Status beeinflusst nicht den Gesamtzustand der Charge.
	Hier werden alle Änderungen angezeigt, die innerhalb der Chargenklassifizierung vorgenommen wurden (siehe Abbildung 2.10).
	Mit diesem Button legen Sie eine neue Merkmalgruppe (siehe dazu Abschnitt 2.1.3) innerhalb der zugeordneten Charge an (siehe Abbildung 2.12, Abbildung 2.13, Abbildung 2.14 und Abbildung 2.15). Sie können hier nur Merkmale zuordnen, die vorher zur Klasse (hier: *YB_BATCH*) zugeordnet wurden. Diese Funktion ist geeignet, um eine große Anzahl von Merkmalen zu gruppieren.
	Mit diesem Button können Sie weitere Merkmale einfügen, bestehende löschen oder verschieben.
	Hiermit können Sie das Layout der Charge Ihren Bedürfnissen anpassen.

Tabelle 2.3: Bedeutung der Push-Buttons im Reiter »Klassifizierung«

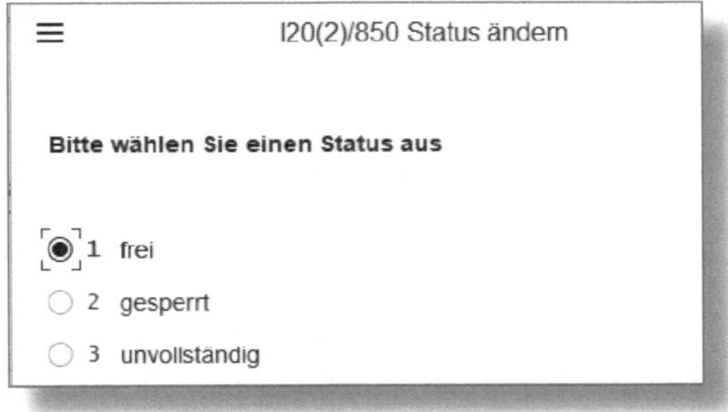

Abbildung 2.9: Klassifizierungsstatus

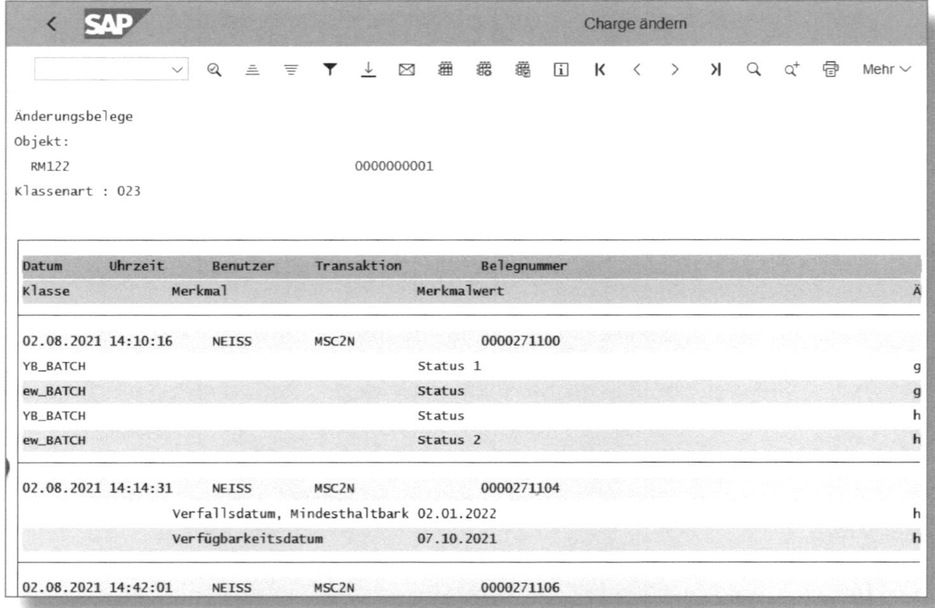

Abbildung 2.10: Klassifizierung – Änderungsbelege

2.1.3 Materialdaten

Die in Abbildung 2.11 gezeigte Sicht des Chargenstamms enthält neben der bereits angesprochenen Klassifizierung die Haltbarkeitsdaten der Charge. Auch in dieser Sicht können Sie über die Push-Buttons (genau wie in der Sicht »Klassifizierung«) zusätzliche Merkmalgruppen anlegen, bestehende pflegen sowie Ihre Benutzereinstellungen anpassen.

In den Materialdaten sehen Sie die Haltbarkeitsdaten des Materials für diese eine Charge.

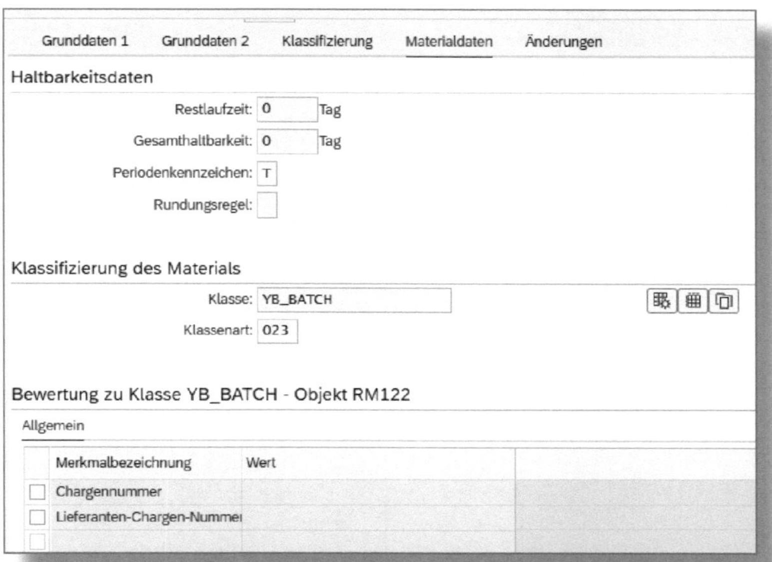

Abbildung 2.11: Materialdaten

Die Bedeutung der einzelnen Felder zu den HALTBARKEITSDATEN in der ersten Sektion erkläre ich in Tabelle 2.4.

Feldname	Beschreibung
RESTLAUFZEIT	In diesem Feld sehen Sie, wie lange das Material noch haltbar sein muss, damit ein Wareneingang akzeptiert wird. Dieser Wert wird bestimmt durch die Einstellungen in der Sicht »Werksdaten/Lagerung 1« des Materialstamms (siehe Abbildung 2.16, MINDESTRESTLAUFZEIT im Materialstamm).
GESAMTHALTBARKEIT	Hier erkennen Sie die komplette Dauer der Haltbarkeit der Charge. Dieser Wert ergibt sich aus dem Wareneingangsdatum (oder Produktionsdatum) plus der im Materialstamm angegebenen Anzahl Tage/Monate/Jahre (GESAMTHALTBARKEIT im Materialstamm, siehe Abbildung 2.16).

Feldname	Beschreibung
PERIODENKENNZEICHEN	Dieses zeigt die Maßeinheit für die Zeit, die Sie über das gleichnamige Feld im Materialstamm (siehe Abbildung 2.16) festgelegt haben (in unserem Beispiel T = Tage).
RUNDUNGSREGEL	Bei der Berechnung des MHD kann das Ergebnis gerundet werden. Wird das MHD manuell eingetragen, findet keine Rundung statt. Die Rundung kann zum Anfang oder Ende der gewählten Periode stattfinden (Woche, Monat oder Jahr) oder auch zum Beginn der nächsten Periode. *Beispiel:* Findet der Wareneingang am 4. Mai 2023 statt und Sie haben im Materialstamm eine Gesamthaltbarkeit von zwölf Monaten eingegeben, kommt dieses MHD dabei heraus: ▶ Keine Rundung: Monat 05.2024 (siehe Abbildung 2.17) ▶ Rundungsregel Anfang der gewählten Periode: Monat 05.2024 ▶ Rundungsregel Ende der gewählten Periode: Monat 05.2024 ▶ Rundungsregel Anfang der folgenden Periode: Monat 06.2024 (siehe Abbildung 2.18)

Tabelle 2.4: Haltbarkeitsdaten der Charge zum Material

Die Sektion KLASSIFIZIERUNG DES MATERIALS zeigt, welcher Klasse das Material zugeordnet wurde.

Die Merkmale, die für diese Klasse festgelegt wurden, sehen Sie im nächsten Bildabschnitt BEWERTUNG ZU KLASSE.

Hier werden die Merkmalswerte lediglich angezeigt, die Pflege ist im Reiter KLASSIFIZIERUNG möglich.

Sie können auch hier über die Push-Buttons zusätzliche Merkmalgruppen anlegen oder bearbeiten.

Mit dem Button (Merkmalgruppe anlegen) erstellen Sie zusätzlich zu der bereits existierenden (vom System angelegten) Gruppe ALLGEMEIN weitere Gruppen. Merkmalgruppen ermöglichen Ihnen, eine Klasse mit sehr vielen Merkmalen übersichtlich zu strukturieren.

Durch Klick auf den Button öffnet sich das Fenster aus Abbildung 2.12.

Abbildung 2.12: Zusätzliche Merkmalgruppe anlegen

Geben Sie der Gruppe eine Bezeichnung (hier: *CHEMISCHE*) und entscheiden Sie sich für eine DARSTELLUNG. Danach klicken Sie auf Weiter.

Ihnen wird eine Auswahl an Merkmalen angezeigt, die zur Klasse *YB_BATCH* angelegt wurden. Andere Merkmale können Sie dieser Charge nicht zuordnen (siehe Abbildung 2.13).

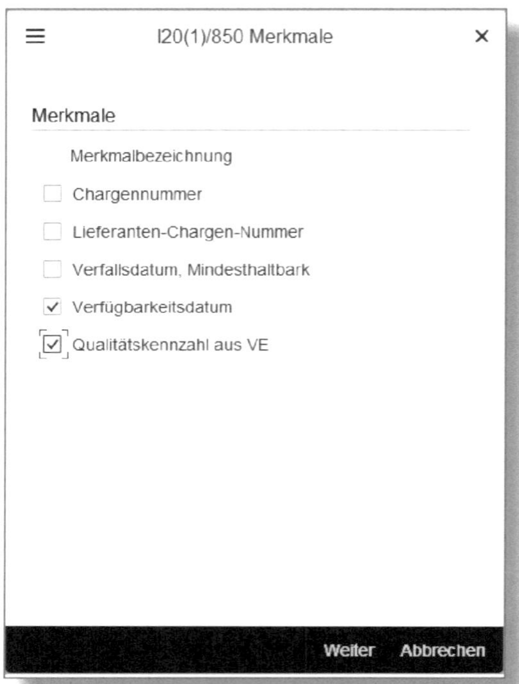

Abbildung 2.13: Auswahlliste Merkmale

Markieren Sie die MERKMALE, die Sie zuordnen möchten, und klicken Sie auf Weiter.

Sie sehen noch einmal eine Übersicht der zugeordneten Merkmale (siehe Abbildung 2.14) und können die Zuordnung über den Push-Button Beenden verlassen.

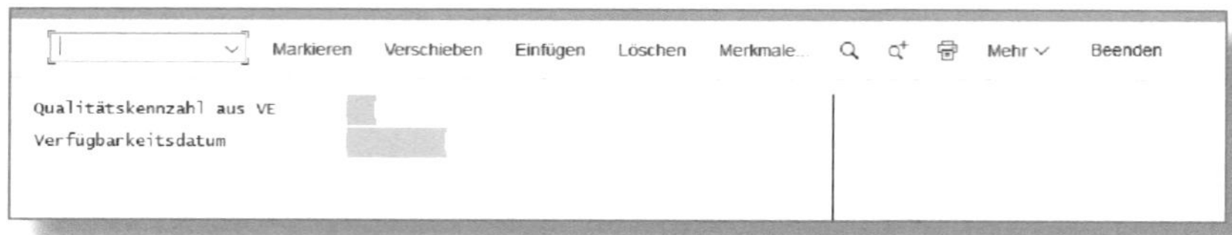

Abbildung 2.14: Merkmale wurden zugeordnet

Die neue Merkmalgruppe mit den zugeordneten Merkmalen (siehe Abbildung 2.15) wird nun im Chargenstammsatz angezeigt.

Klassifizierung des Materials

Klasse: YB_BATCH

Klassenart: 023

Bewertung zu Klasse YB_BATCH - Objekt RM122

Allgemein CHEMISCHE

Merkmalbezeichnung	Wert
Qualitätskennzahl aus VE	
Verfügbarkeitsdatum	

Abbildung 2.15: Neue Merkmalgruppe mit Merkmalen

Mindesthaltbarkeitsdatum

Die automatische Berechnung des Verfalls- oder Mindesthaltbarkeitsdatums (MHD) eines Produkts beeinflussen Sie durch die Einstellung der Rundungsregel im Materialstamm (siehe Abbildung 2.16).

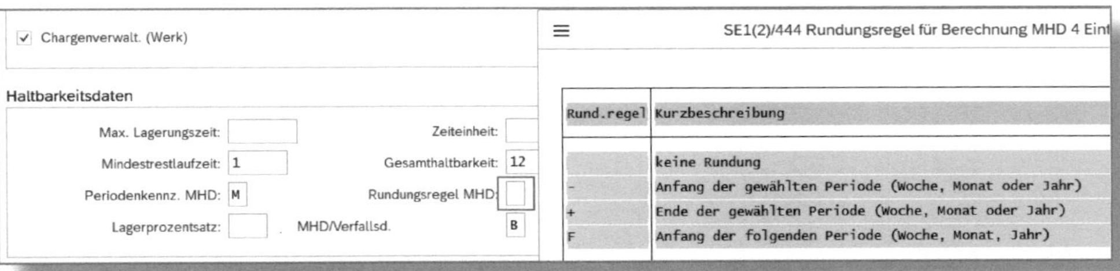

Abbildung 2.16: Einstellung der Rundungsregel im Materialstamm

Ich möchte hier beispielhaft zwei Einstellungen zeigen.

Im Beispiel aus Abbildung 2.17 wird **keine** Rundung vorgegeben. Das bedeutet, dass aufgrund der im Materialstamm eingestellten Gesamthaltbarkeit (siehe Abbildung 2.16) das Material nach zwölf Monaten (gemäß dem Periodenkennzeichen »M« = Monat) verfällt.

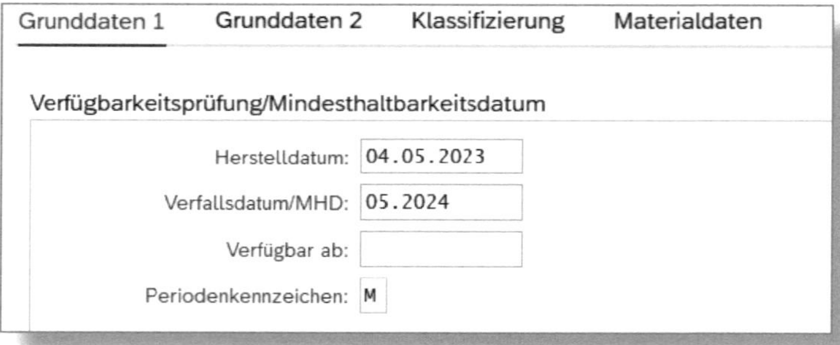

Abbildung 2.17: MHD ohne Rundung oder Anfang bzw. Ende der gewählten Periode

Im Beispiel aus Abbildung 2.18 wurde die Rundungsregel im Materialstamm auf »Anfang der folgenden Periode« (siehe Abbildung 2.16) eingestellt. Das MHD des Materials zeigt demnach 06.2024 (=13 Monate) an.

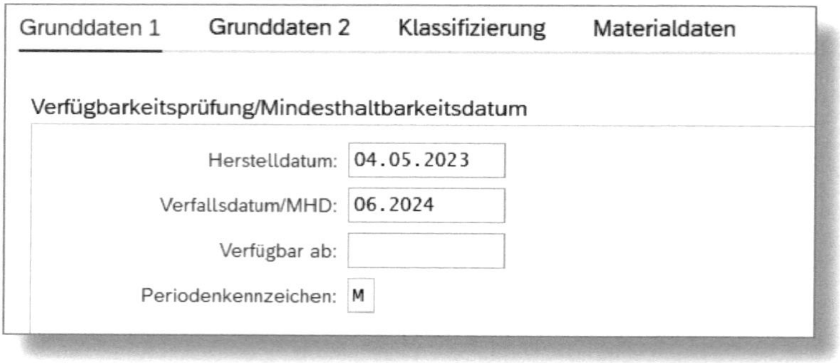

Abbildung 2.18: MHD mit Rundungsregel »Anfang der folgenden Periode«

2.2 Die Chargenklassifizierung

Das Klassifizierungssystem in SAP ist eine mächtige Suchmaschine.

Die Klassifizierung besteht aus der Klasse und den Klassenmerkmalen.

Dabei ist die Klasse das Objekt, das Sie einem zu klassifizierenden SAP-Objekt zuordnen, die Merkmale sind wiederum der Klasse zugeordnet.

Zu jeder Klassenart können mehrere Klassen angelegt werden. Dies erlaubt eine größere Flexibilität. Fast allen Objekten können Sie mehrere Klassen zuordnen.

Haben Sie die Klasse zugeordnet, geben Sie in den Klassifizierungsmerkmalen alle Werte ein, die das klassifizierte Objekt kennzeichnen.

Haben Sie dann alle Werte zu einem Objekt gepflegt, können Sie nach diesen Werten suchen; Sie bekommen dann alle Objekte angezeigt, denen dieser Wert, nach dem Sie gesucht haben, zugeordnet wurde.

Klassen sind im SAP-Standard zu vielen Dokumenten vorgesehen, darunter Materialklassen, Dokumentenklassen, Equipmentklassen, Merkmalsklassen und natürlich die Chargenklassen. Insgesamt kennt SAP im Standard mehr als 75 Klassenarten. Zu jeder dieser Klassenarten können Sie unendlich viele Klassen anlegen und diese flexibel den einzelnen Objekten zuordnen.

Voraussetzung für die Nutzung von Klassen ist, dass Sie zunächst Klassenmerkmale anlegen – sofern Sie sich nicht auf die von SAP im Standard ausgelieferten Merkmale beschränken. Letztere beginnen immer mit »LOBM« und können nicht geändert werden (zur Änderung müssen Sie sie in einen eigenen Namensraum kopieren).

2.2.1 Anlage eines Merkmals

Sie legen ein Merkmal an, indem Sie über die Fiori-App »Merkmale verwalten« einsteigen (siehe Abbildung 2.19).

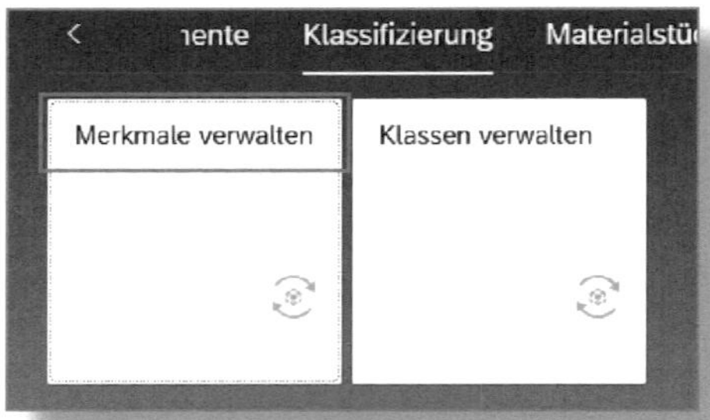

Abbildung 2.19: Apps zur Klassenverwaltung – »Merkmale verwalten«

Die GUI-Transaktion dafür ist *CT04*. Die Fiori-App ruft über HTML direkt diese Transaktion auf.

Abbildung 2.20: Klassenmerkmal anlegen

Im Einstiegsbild (siehe Abbildung 2.20) geben Sie eine technische Merkmalsbezeichnung an.

Sofern dieses Merkmal noch nicht im System vorhanden ist, erhalten Sie eine Bestätigungsabfrage (siehe Abbildung 2.21).

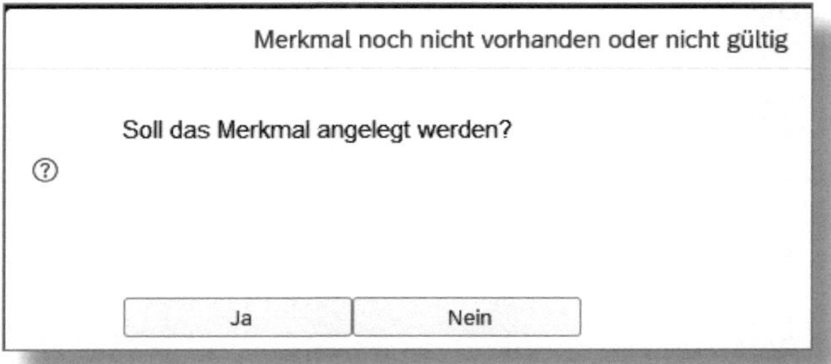

Abbildung 2.21: Bestätigungsabfrage

Bestätigen Sie diese mit Klick auf Ja, können Sie das Merkmal entsprechend anlegen.

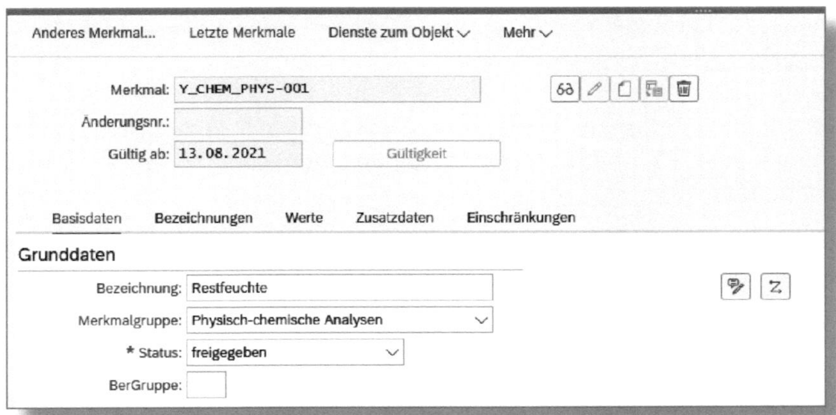

Abbildung 2.22: Basisdaten zum Merkmal

Zunächst erreichen Sie den Reiter BASISDATEN (siehe Abbildung 2.22).

Die Push-Buttons rechts neben der Merkmalsidentifikation sind die gleichen, die auch in der Klasse eingesetzt werden. Ich erläutere die Bedeutung der einzelnen Buttons in Abschnitt 2.2.2.

Basisdaten

In den GRUNDDATEN zum Merkmal können Sie eine BEZEICHNUNG des Merkmals pflegen, die in der Regel von der Merkmalsidentifikation *(Y_CHEM_PHYS-001)* abweicht. Diese Identifikation kann im Gegensatz zu den restlichen Daten nicht mehr geändert werden. Die Merkmalsbezeichnung können Sie z. B. in einem Qualitätszeugnis ausgeben.

Wenn Sie das Merkmal einer Merkmalgruppe zuordnen, erleichtert das bei einer großen Anzahl von Merkmalen die Suche.

Wie fast alle Stammdatenobjekte unterliegt auch das Merkmal einem STATUS. Nur wenn dieser »freigegeben« lautet, kann das Merkmal verwendet werden.

Über die Berechtigungsgruppe (BERGRUPPE) steuern Sie, welche User dieses Merkmal pflegen dürfen.

Mit dem Push-Button können Sie den Langtext-Editor öffnen (siehe Abbildung 2.23) und zur Merkmalsbezeichnung einen erklärenden Text eingeben.

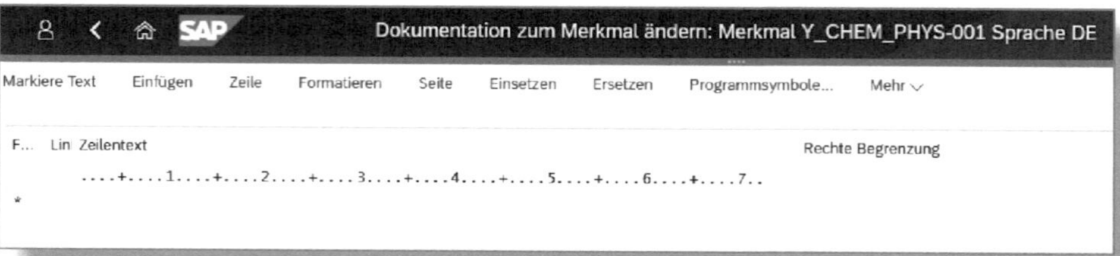

Abbildung 2.23: Dokumentation zum Merkmal

Über den Push-Button (siehe Abbildung 2.22) legen Sie zu einem Merkmal ein Beziehungswissen an. So lassen sich logische Beziehungen zwischen den Merkmalen innerhalb einer Klasse abbilden. So könnten Sie z. B. festlegen, dass in dem jeweiligen Merkmal nur Werte zur Auswahl stehen, die zur Bewertung eines bestimmten anderen Merkmals passen.

Beziehungswissen zu Merkmalen

Nehmen wir an, Merkmal 1 kann entweder die Bewertung »Pfannen« oder »Töpfe« haben. Ein entsprechend angelegtes Beziehungswissen bewirkt, dass bei Merkmal 2 in Abhängigkeit davon entweder nur eine Bewertung aus der voreingestellten Auswahl von Pfannen oder nur aus einer solchen von Töpfen möglich ist.

SAP liefert auch Standardmerkmale aus, über die Sie dynamisch während der Chargenfindung Merkmale wie Lieferdatum oder geforderte Restlaufzeit ermitteln lassen können.

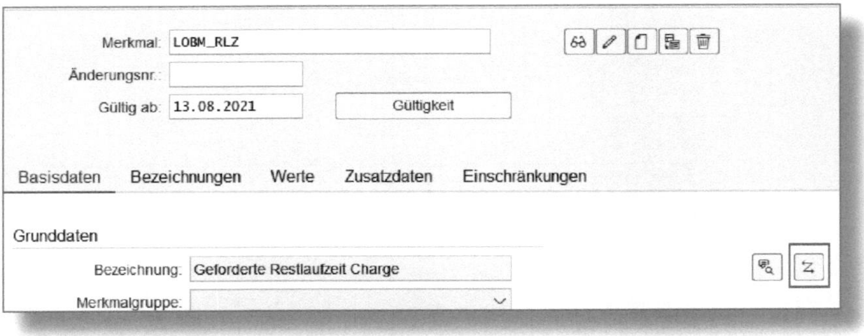

Abbildung 2.24: Beziehungswissen

Im SAP-Standardmerkmal *LOBM_RLZ* (siehe Abbildung 2.24) ist dem Merkmal ein Beziehungswissen zugeordnet.

Klicken Sie hier auf den Push-Button »Beziehungswissen«, kommen Sie in die Sicht der Zuordnungen von Beziehungen zum Objekt (siehe Abbildung 2.25).

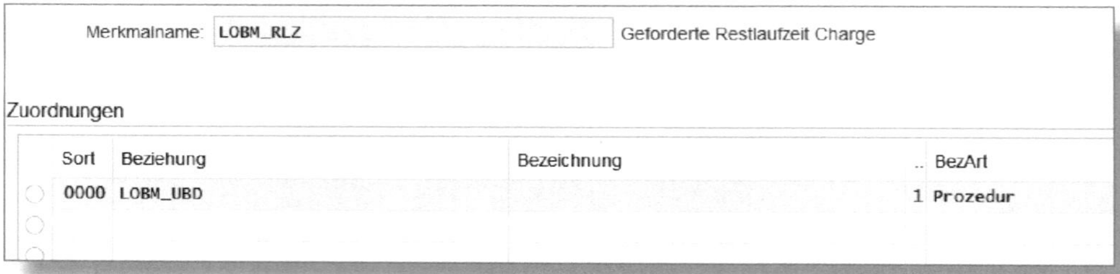

Abbildung 2.25: Zuordnung von Beziehungswissen

Mit einem Doppelklick auf die Zuordnung wird Ihnen die Syntax für diese Beziehung angezeigt (siehe Abbildung 2.26).

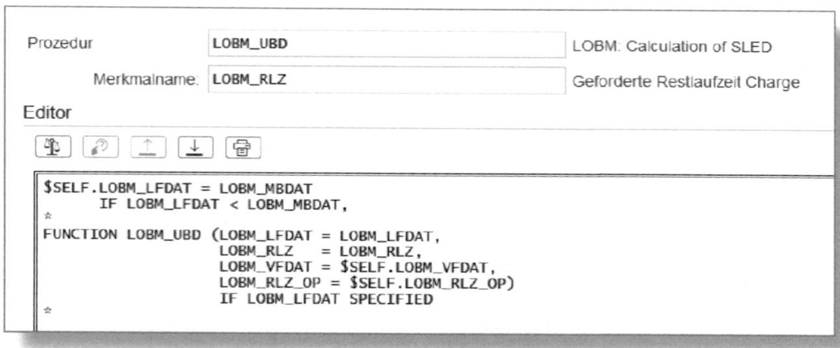

Abbildung 2.26: Beziehungswissen – Editor

Sie erkennen, dass die Restlaufzeit bis zum Erreichen der MHD über das Lieferdatum *(LOBM_LFDAT)* und das Verfallsdatum *(LOBM_VFDAT)* berechnet wird.

Im unteren Teil der Basisdaten finden Sie die FORMATANGABEN, mit denen das Merkmal ausgestattet wird (siehe Abbildung 2.27).

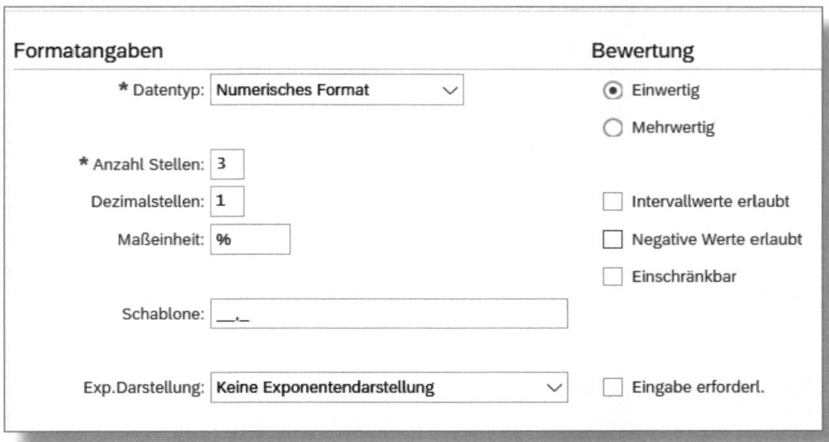

Abbildung 2.27: Merkmal anlegen – Formatangaben

Hier gibt es einige Pflichteingaben (*), wie z. B. den DATENTYP.

In Abbildung 2.27 ist ein *numerisches Format* eingestellt. Dazu müssen Sie zwingend die (gesamte) ANZAHL STELLEN inklusive der Dezimalstellen eingeben, d. h. in diesem Fall *3*. Unter DEZIMALSTELLEN ist eine Eins eingetragen, damit sieht das Ergebnis immer so aus wie in der SCHABLONE. Die Angabe einer MASSEINHEIT ist optional.

Die Darstellung des Exponenten wählen Sie im Feld EXP.DARSTELLUNG. Hier haben Sie vier Möglichkeiten:

1. Keine Exponentendarstellung (siehe Abbildung 2.27).
2. Wählen Sie die Einstellung »Standard«, erscheinen Ihre numerischen Werte, wie sie in der Schablone in Abbildung 2.28 zu sehen sind.

Abbildung 2.28: Exponentendarstellung – Standard

3. Abbildung 2.29 zeigt die Darstellung mit der Auswahl *Vorgegebener Exponent*, wobei hier der Exponent, der angezeigt werden soll, vorgegeben wird.

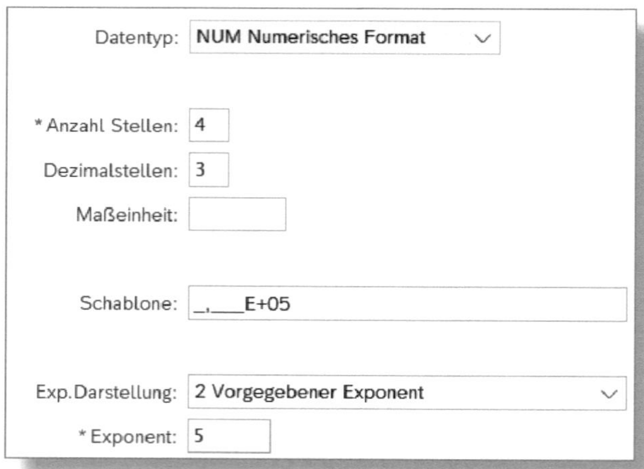

Abbildung 2.29: Exponentendarstellung vorgegeben

4. Die letzte Möglichkeit zeige ich Ihnen in Abbildung 2.30. Als Besonderheit gilt hier, dass die Gesamtanzahl Stellen nicht kleiner als vier sein darf. In der Klassifizierung würde dann der Wert »123500« wie in Abbildung 2.31 ersichtlich ausgegeben.

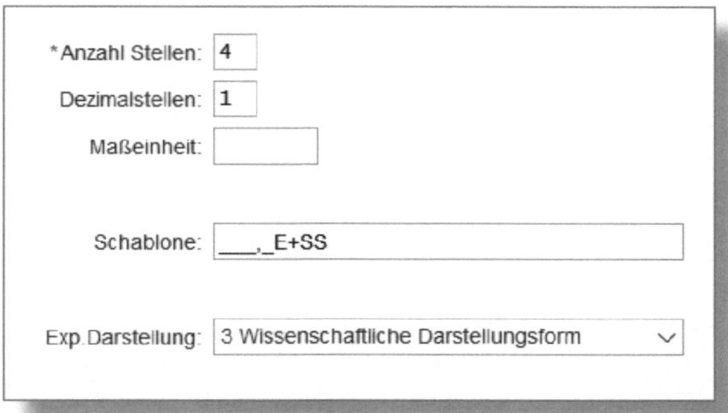

Abbildung 2.30: Exponentendarstellung wissenschaftlich

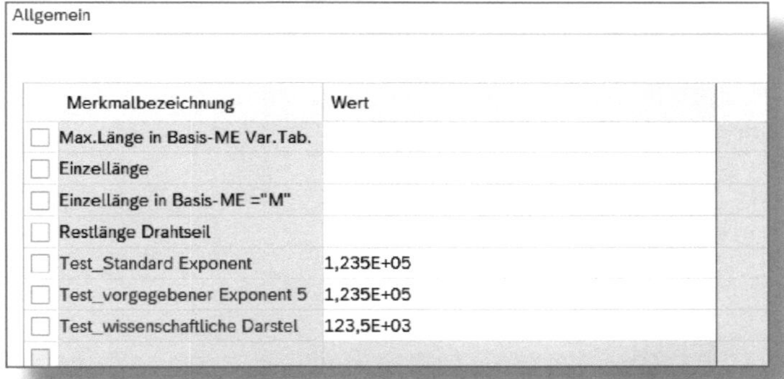

Allgemein

Merkmalbezeichnung	Wert
Max.Länge in Basis-ME Var.Tab.	
Einzellänge	
Einzellänge in Basis-ME ="M"	
Restlänge Drahtseil	
Test_Standard Exponent	1,235E+05
Test_vorgegebener Exponent 5	1,235E+05
Test_wissenschaftliche Darstel	123,5E+03

Abbildung 2.31: Wert »123500« in der exponentiellen Darstellung

Die Rückberechnung sieht wie folgt aus:

Der Standardexponent hat immer eine Stelle vor dem Komma (siehe Abbildung 2.32). Daraus wir der Exponent automatisch berechnet.

Mit einem vorgegebenen Exponenten 5 bekommen Sie in diesem Beispiel ebenfalls eine Stelle vor dem Komma (siehe Abbildung 2.32).

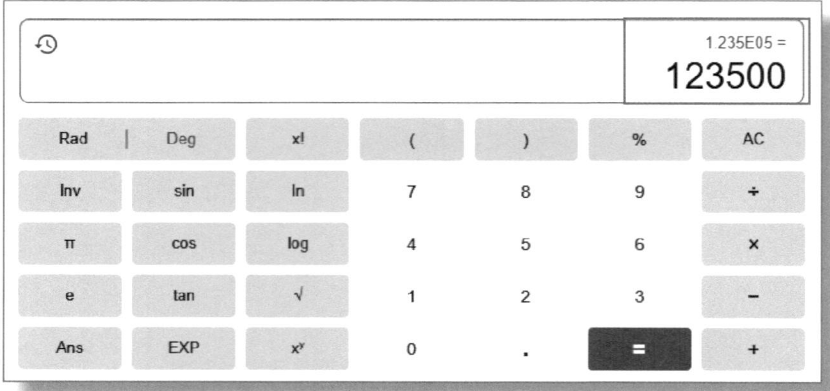

Abbildung 2.32: Standardexponent und vorgegebener Exponent 5

In der wissenschaftlichen Darstellung werden immer drei Stellen vor das Komma gestellt (siehe Abbildung 2.33).

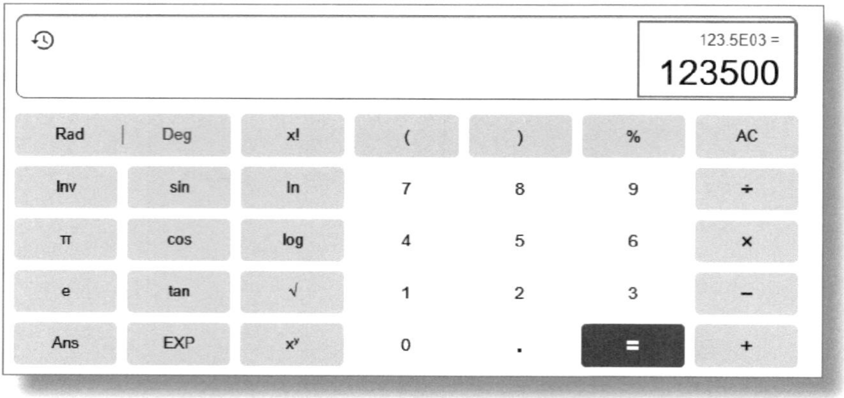

Abbildung 2.33: Wissenschaftliche Darstellung

In Abbildung 2.34 wollen wir uns mit dem Bereich BEWERTUNG auf der rechten Seite beschäftigen.

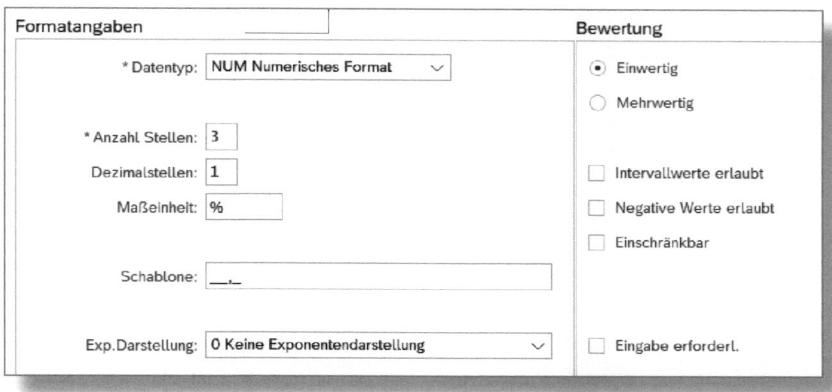

Abbildung 2.34: Möglichkeiten der Merkmalsbewertung

In der Rubrik BEWERTUNG legen Sie fest, ob das Merkmal EINWERTIG oder MEHRWERTIG sein soll, d. h., ob bei der Merkmalsbewertung immer nur ein Wert erlaubt ist oder Sie die Möglichkeit haben, mehrere Werte einzugeben.

Mit dem Flag bei INTERVALLWERTE ERLAUBT geben Sie vor, dass als Ergebnis ein Wert zwischen zwei Toleranzen zulässig ist. Die Vorgaben für diese Toleranz pflegen Sie im Reiter WERTE (siehe Abbildung 2.35).

Basisdaten Bezeichnungen Werte Zusatzdaten Einschränkungen

Zusätzliche Werte Maßeinheit: %

zulässige Werte

Merkmalwert	V	B
10,0 - 15,0 %		

Abbildung 2.35: Intervall erlauben

Markieren Sie NEGATIVE WERTE ERLAUBT (siehe Abbildung 2.34), sind bei der Merkmalsbewertung auch negative Werte zugelassen.

Das Kennzeichen EINSCHRÄNKBAR hat für die Klassifizierung keine Bedeutung. Sie markieren es, wenn das Merkmal innerhalb der Variantenkonfiguration genutzt wird und der Wertebereich abhängig vom Konfigurationsumfeld eingeschränkt werden soll. Über die Variantenkonfiguration informieren Sie sich im Buch »Variantenkonfiguration in SAP S4/HANA« (Neumann, R./Schraad, D., Espresso Tutorials, 2022): *http://5512.espresso-tutorials.de.*

Kreuzen Sie das Feld EINGABE ERFORDERL. an, legen Sie damit fest, dass zwingend ein Ergebnis eingegeben werden muss.

Ein weiterer Datentyp, den Sie bei den Formatangaben einstellen können, ist *CHAR Zeichenformat* (siehe Abbildung 2.36).

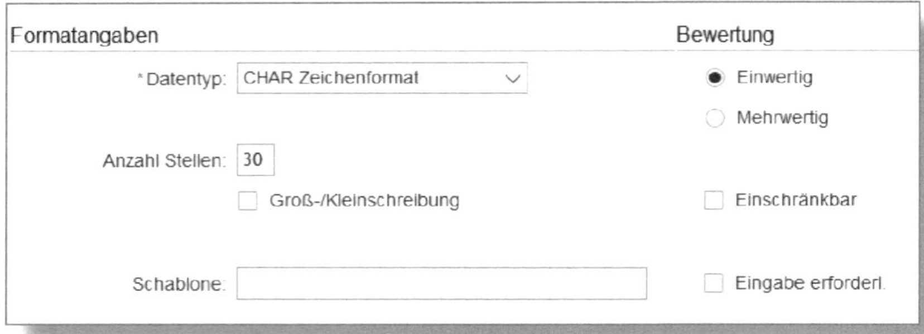

Abbildung 2.36: Format »CHAR«

Hier müssen Sie die ANZAHL STELLEN angeben. Sie ist seitens SAP auf maximal 30 begrenzt, Sie können jedoch einen geringeren Wert eingeben.

Anzahl Stellen

Bitte beachten Sie, dass die Stellenanzahl nur nach oben korrigiert werden kann, nachdem das Merkmal gesichert worden ist.

Falls Sie den Haken bei GROSS-/KLEINSCHREIBUNG setzen, unterschiedet das System zwischen Groß- und Kleinbuchstaben. Setzen Sie den Haken nicht, werden alle Buchstaben als Großbuchstaben dargestellt.

Die Eingaben bei BEWERTUNG habe ich Ihnen bereits erklärt.

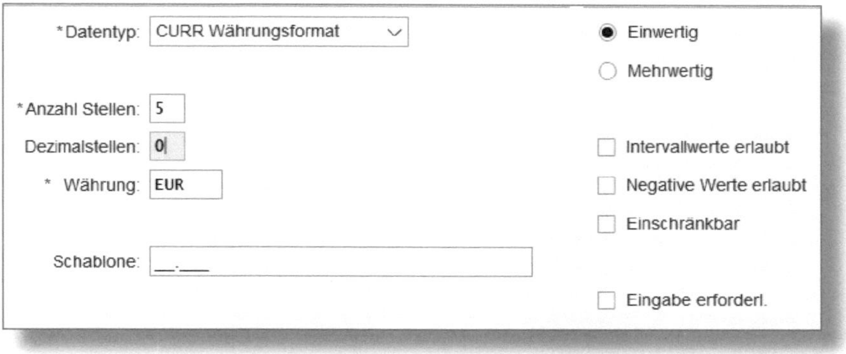

Abbildung 2.37: Format »CURR«

Beim DATENTYP *CURR Währungsformat* (siehe Abbildung 2.37) sind die Anzahl der Stellen und die Währungseinheit Pflichtfelder. An der Schablone sehen Sie, dass immer zwei Dezimalstellen hinter dem Komma ausgegeben werden.

Weitere Datentypen sind das *DATE Datumsformat* (siehe Abbildung 2.38) und das *TIME Zeitformat* (siehe Abbildung 2.39).

Abbildung 2.38: Format »DATE«

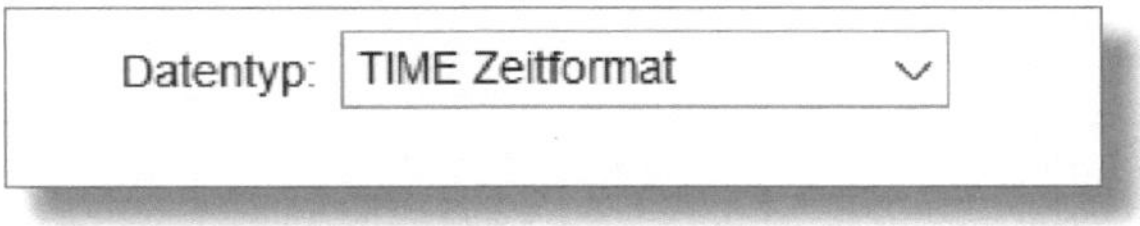

Abbildung 2.39: Format »TIME«

Diese beiden Formate haben keine weiteren Einstellmöglichkeiten, im Reiter WERTE sind nur Datums- bzw. Zeitangaben erlaubt.

Bezeichnungen

Unter dem Reiter BEZEICHNUNGEN haben Sie die Möglichkeit, die Merkmalsbezeichnung sprachabhängig zu pflegen (siehe Abbildung 2.40).

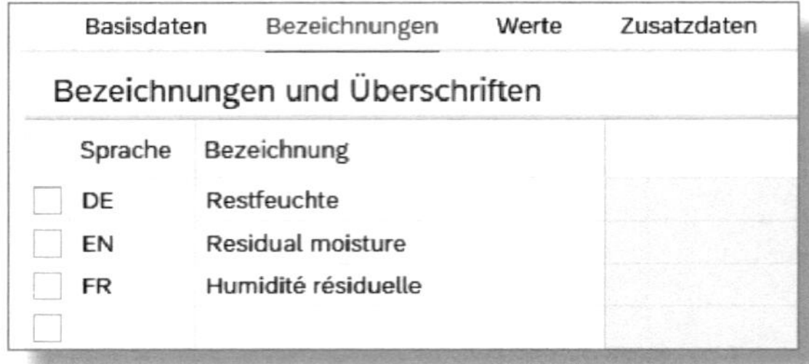

Abbildung 2.40: Sprachabhängige Bezeichnungen

Werte

In der Sektion WERTE geben Sie die Werte vor, die bei der Prüfung als Minimum und Maximum gelten (siehe Abbildung 2.41).

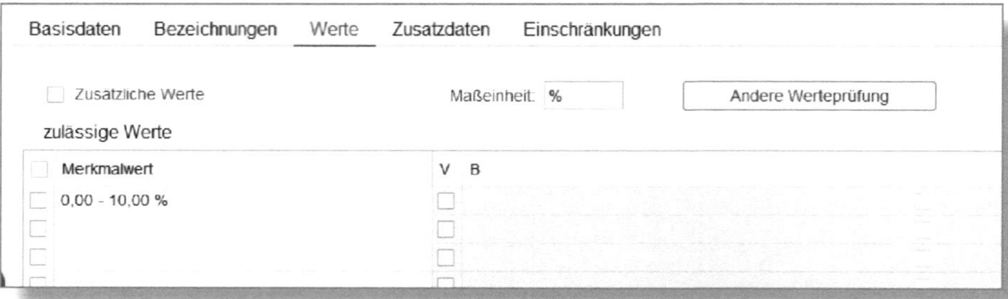

Abbildung 2.41: Erlaubte Werte zum Merkmal

Sofern Sie dieses Merkmal mit einem Prüfmerkmal verknüpfen, erscheinen in der Ergebniserfassung als untere Toleranzgrenze *0,00* und als obere *10,00 %*. Sofern Sie die Checkbox ZUSÄTZLICHE WERTE angekreuzt haben, können Sie bei der Merkmalsbewertung auch Werte eingeben, die Sie hier nicht als zulässige Werte angegeben haben.

Prüfmerkmal

Hier handelt es sich um einen Begriff aus dem Qualitätsmanagement. Ein Prüfmerkmal ist ein zu prüfendes Attribut; aufgrund des Ergebnisses der Prüfung wird ein Material freigegeben oder gesperrt.

Wie der Messwert einzugeben ist, haben wir in den Basisdaten festgelegt (siehe Abbildung 2.42).

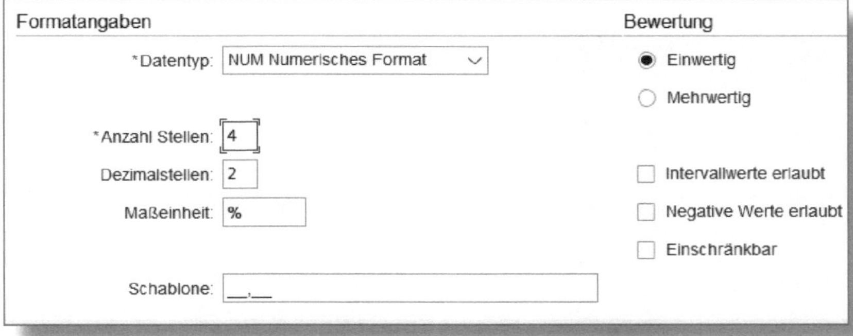

Abbildung 2.42: Basisdaten zum Chargenmerkmal

Als Ergebnis ist hier nur ein einzelner Wert zugelassen, keine Intervalle und keine Werte, die kleiner sind als null.

Haben Sie ein Prüfmerkmal mit diesem Klassenmerkmal verbunden, können Sie diese Einstellungen im Prüfmerkmal zum Prüfplan (SAP-Modul Qualitätsmanagement) nicht ändern.

Andere Werteprüfung

Sofern Sie andere Werte als die beschriebenen vorgeben möchten, können Sie über den Push-Button Andere Werteprüfung festlegen, wie die Prüfung der eingegebenen Werte durchgeführt werden soll. SAP bietet dafür die in Abbildung 2.43 aufgeführten Möglichkeiten.

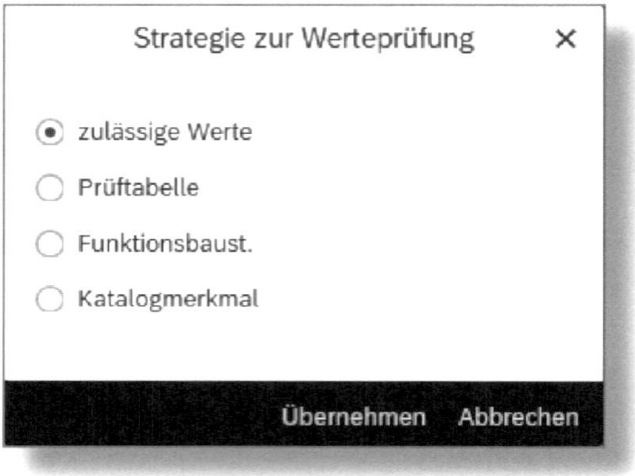

Abbildung 2.43: Andere Werteprüfung

- ZULÄSSIGE WERTE: Das ist die Standardeinstellung. Sie wird dann gewählt, wenn Sie Werte (unteres und/oder oberes Limit) innerhalb des zulässigen Bereichs angeben.
- PRÜFTABELLE: Hier geben Sie eine SAP-Tabelle vor. In Abbildung 2.44 ist die Tabelle der Werke eingegeben, daher kann der Wert nur ein Eintrag aus der Werkstabelle sein.
- FUNKTIONSBAUSTEIN: Sie können hier einen eigendefinierten Funktionsbaustein oder einen Standardbaustein angeben, der die eingegebenen Werte gegen vorgegebene Parameter prüft (siehe Abbildung 2.45).
- KATALOGMERKMAL: Hier geben Sie eine Auswahlmenge ein, welche die Möglichkeit der Ergebniseingabe auf die Einträge innerhalb dieser Auswahlmenge reduziert (siehe Abbildung 2.46). Näheres dazu können Sie im Buch »Schnelleinstieg ins Qualitätsmanagement mit SAP QM« (Espresso Tutorials, 2019) lesen: *http://5266.espresso-tutorials.de*.

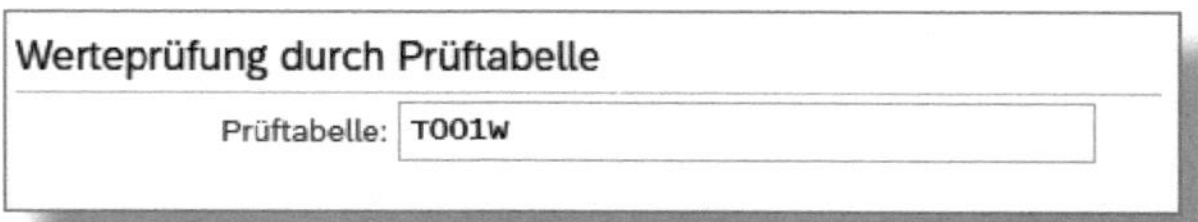

Abbildung 2.44: Werteprüfung durch Prüftabelle

☛ Werteprüfung durch Prüftabelle

Da hier nicht jede SAP-Tabelle sinnvoll ist und niemand alle Tabellen des SAP-Systems kennt (ihre Zahl geht in die Hunderttausende), empfehle ich, diese Einstellung bzw. die Tabelle über Ihre Systemadministration pflegen zu lassen.

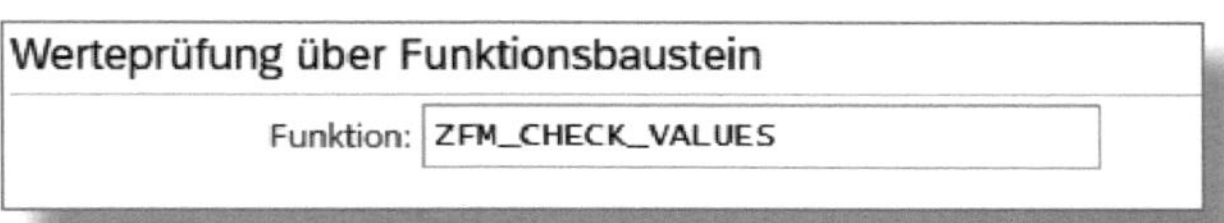

Abbildung 2.45: Werteprüfung durch Funktionsbaustein

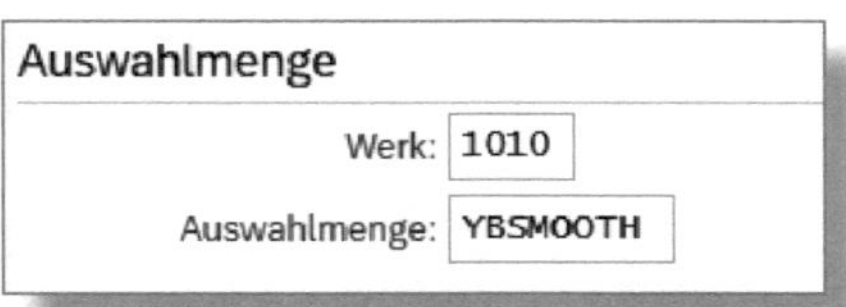

Abbildung 2.46: Auswahlmenge als Werteprüfung

Zusatzdaten

Der Reiter ZUSATZDATEN (siehe Abbildung 2.47) enthält Daten, die für ein Objektmerkmal benötigt werden. Die vorher beschriebenen Eingaben bezeichnen ein sogenanntes freies Merkmal, ein Objektmerkmal bezieht sich dagegen auf eine SAP-Tabelle und ein Tabellenfeld (siehe Abbildung 2.47).

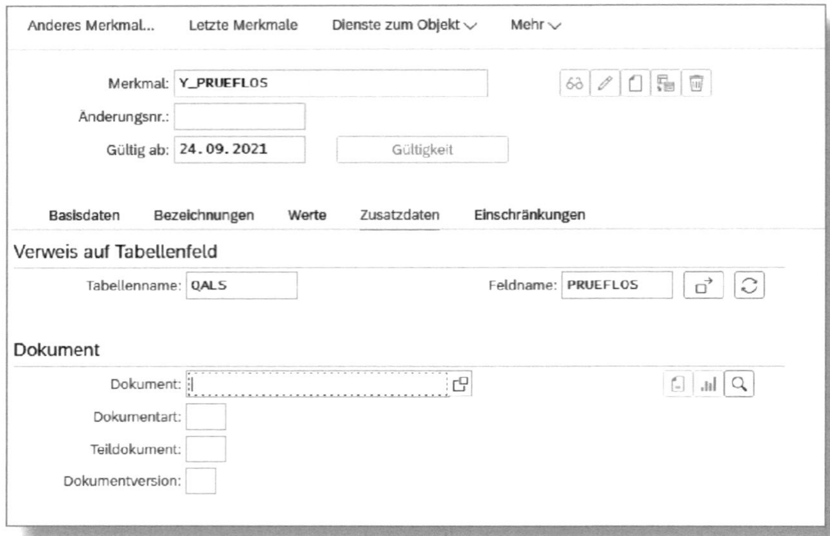

Abbildung 2.47: Zusatzdaten zum Merkmal

Hier können Sie Werte aus der Anwendung (in unserem Beispiel aus dem Prüflos) automatisch in die Charge übernehmen. Voraussetzung hierfür ist, dass zum Zeitpunkt der Chargenanlage die Prüflosnummer bereits bekannt ist. Das ist z. B. der Fall, wenn beim Wareneingang die Charge während der Buchung angelegt wird. Das Prüflos wird dann beim Buchen des Wareneingangs erzeugt, und die Charge wird übernommen.

Verweis auf Tabellenfeld

Über Tabellenfelder werden oft auch Informationen aus dem Chargenstammsatz, dem Materialstamm oder dem Produktionsauftrag in die Chargenbewertung (Klassifizierung) übernommen. Dazu muss natürlich das entsprechende Merkmal in der Klassifizierung zugeordnet sein.

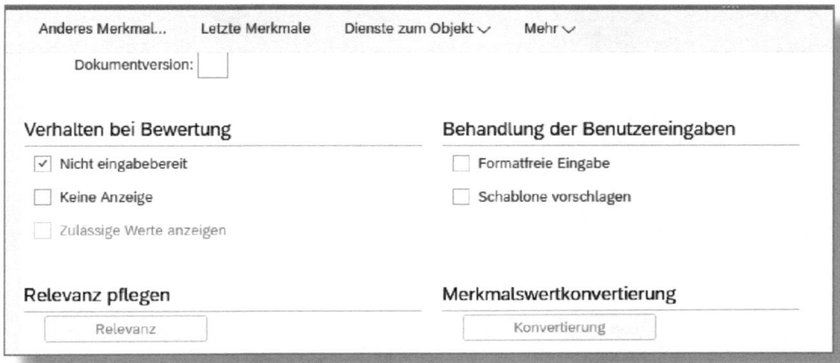

Abbildung 2.48: Zusatzdaten zum Merkmal – unterer Bildteil

Durch die Markierung NICHT EINGABEBEREIT (siehe Abbildung 2.48) verhindern Sie, dass der Eingabewert manuell überschrieben wird. Die gleiche Einstellung können Sie auch bei einem freien Merkmal vornehmen, falls der jeweilige Wert über einen Funktionsbaustein automatisch an das Merkmal übermittelt wird.

2.2.2 Anlage einer Klasse

Um eine Klasse anzulegen, können Sie die Fiori-App »Klassen verwalten« (siehe Abbildung 2.49) oder die GUI-Transaktion *CL02* nutzen. Die App verzweigt über HTML direkt in das SAP-System.

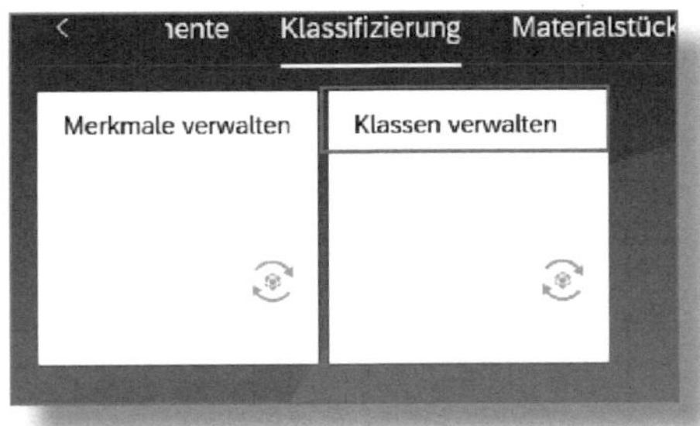

Abbildung 2.49: Apps zur Klassenverwaltung – »Klassen verwalten«

Sie erreichen direkt die Pflege der Klassen (siehe Abbildung 2.50). Hier entscheiden Sie über die Auswahl der Push-Buttons, ob Sie eine Klasse anzeigen ( ), ändern ( ) oder neu anlegen möchten ( ). Sie können auch eine bereits bestehende Klasse als Vorlage zum Anlegen nutzen ( ) oder eine Klasse löschen ( ).

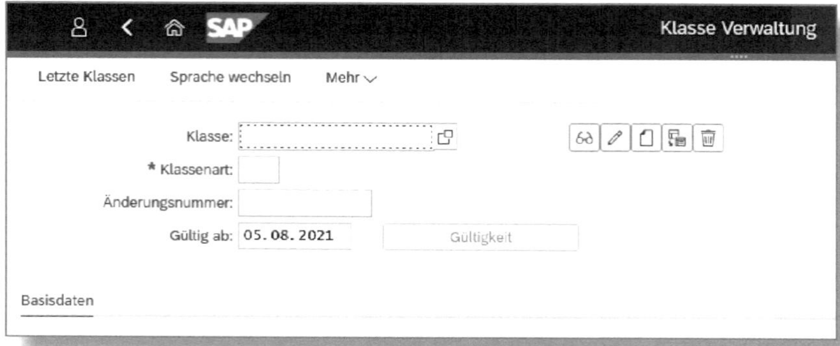

Abbildung 2.50: Verwalten von Klassen

Zum Anlegen einer neuen Chargenklasse geben Sie die notwendigen Daten ein (siehe Abbildung 2.51).

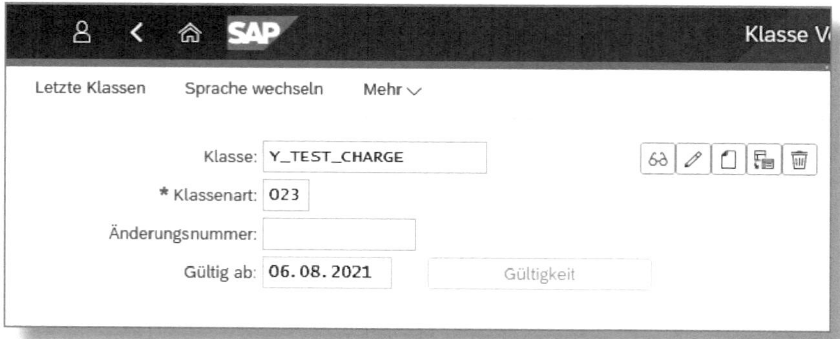

Abbildung 2.51: Neue Klasse anlegen

Die Bezeichnung der KLASSE ist frei wählbar, bei der KLASSENART steht die *023* für »Chargenklasse«. Die möglichen Klassenarten finden Sie, wenn Sie im Feld »Klassenart« auf die F4-Hilfe klicken (siehe Abbildung 2.52).

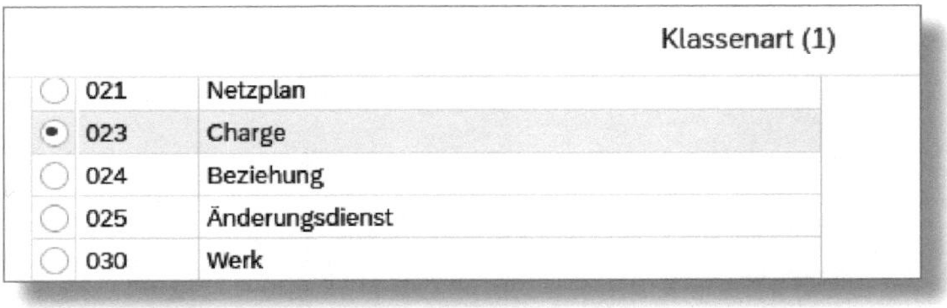

Klassenart (1)

○	021	Netzplan
◉	023	Charge
○	024	Beziehung
○	025	Änderungsdienst
○	030	Werk

Abbildung 2.52: Auswahl der SAP-Standardklassenart

Chargenklasse

SAP sieht im Standard zwei Klassenarten für die Charge vor. Die Klassenart 022 steht dabei für die Einstellung »Charge eindeutig auf Werksebene« und die 023 für »Charge eindeutig auf Materialebene« oder »Charge eindeutig auf Mandantenebene zu einem Material«.

Die Eingabe einer Änderungsnummer ist optional. Sie ist dann sinnvoll, wenn Sie die Änderungen an dieser Klasse nachverfolgen möchten. Dazu müssen Sie vorher einen Änderungsstammsatz im System anlegen. Dieser Prozess wird allerdings in diesem Buch nicht behandelt.

Änderungsdienst

Sie können Details zum SAP-Änderungsdienst in der SAP-Dokumentation (*https://help.sap.com/saphelp_erp60_sp/helpdata/de/da/6cb953495bb44ce10000000a174cb4/frameset.htm*) nachlesen.

Klicken Sie nun auf den Button »Klasse anlegen« (□). Es werden weitere Eingabefelder angezeigt (siehe Abbildung 2.53).

Abbildung 2.53: Basisdaten zur Klasse

Basisdaten

Die Felder, die mit einem roten Stern (*) gekennzeichnet sind, müssen ausgefüllt werden, sind also Pflichteingabefelder.

Geben Sie eine BEZEICHNUNG für die Klassen ein.

Beim STATUS können Sie im Standard zwischen *In Vorbereitung*, *Freigegeben* und *Gesperrt* wählen. Damit legen Sie fest, ob die Klasse verwaltet werden oder ob Objekte zugeordnet werden dürfen. Ebenfalls bestimmen Sie damit, ob die Klasse zur Selektion von Objekten genutzt werden kann.

Sie können die Klasse einer GRUPPE zuordnen; dies ermöglicht Ihnen, den Zugriff und die Pflege der Klasse über Berechtigungen einzuschränken.

Über das Feld ANWENDUNGSSICHT weisen Sie Sichten zu, die Sie vorher im Customizing eingestellt haben. Diese Anwendungssichten können dann in der Merkmalsübersicht den Merkmalen zugeordnet werden. Damit steuern Sie, wer auf die einzelnen Merkmale zugreifen darf. Sie können einer Klasse mehrere Anwendungssichten zuordnen, um den Zugriff auf einzelne Merkmale flexibel zu gestalten.

Das Datum GÜLTIG AB zeigt immer das aktuelle Systemdatum an. Lediglich mit dem Änderungsdienst können Sie die Änderung oder auch die Anlage der Klasse auf ein bestimmtes Datum setzen.

Das Ankreuzfeld LOKALE KLASSE benötigen Sie, wenn Sie verteilte Systeme verwenden, d. h., Sie haben ein zentrales System und darüber hinaus noch lokale Systeme. Pflegen Sie die Klassifizierung in beiden (dem zentralen und dem lokalen) Systemen, können Sie die Objektzuordnungen und die Merkmalsbewertungen synchronisieren. Ist das Kennzeichen gesetzt, werden lokal angelegte Klassifizierungen nicht durch eine erneute Verteilung zentral angelegter Klassifizierungen gelöscht oder überschrieben.

In der Prüfung auf GLEICHE KLASSIFIZIERUNG legen Sie fest, wie eine systemseitige Prüfung der Klassifizierung ablaufen soll.

Dabei wird jeweils festgestellt, ob bereits Merkmale mit identischen Werten in dieser Klasse vorhanden sind. Dieser Vorgang kann natürlich nur ablaufen, wenn die Merkmale auch bewertet sind, also Merkmalsergebnisse erfasst wurden. Hierzu kann das System entweder eine WARNUNG ausgeben oder aber einen FEHLER, der keine weitere Bearbeitung mit diesen Merkmalsbewertungen zulässt. Standardmäßig ist der Punkt NICHT PRÜFEN markiert.

Im Bereich BERECHTIGUNGEN können Sie frei gewählte Berechtigungsschlüssel eingeben. Ein Anwender, in dessen Benutzerstammsatz dem entsprechenden Berechtigungsobjekt dieser Wert zugeordnet ist, ist dadurch zu der jeweiligen Aktion berechtigt.

Schlagwörter

Hier geben Sie SCHLAGWÖRTER ein, mit denen die Klasse gesucht werden kann (siehe Abbildung 2.54).

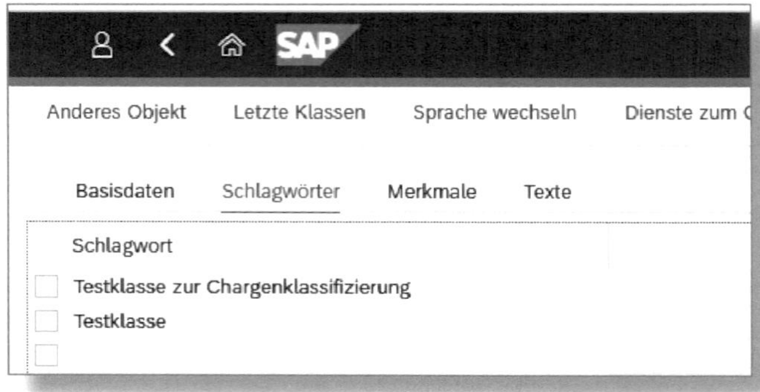

Abbildung 2.54: Schlagwörter als Matchcode zur Klasse

Als ersten Matchcode geben Sie die Bezeichnung der Charge ein, die Sie auf dem Screen BASISDATEN erstellt haben (siehe Abbildung 2.53).

Danach können Sie weitere Schlagworte eingeben, über welche diese Klasse ermittelt werden kann. Eine derartige Suche zeigt Abbildung 2.55.

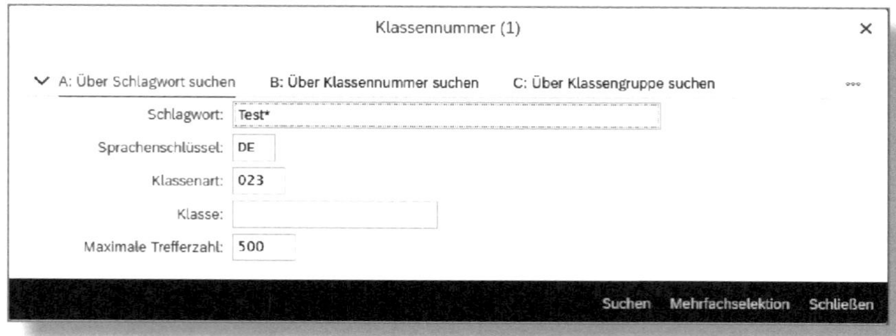

Abbildung 2.55: Klasse über Matchcode suchen

Sie können, wie in Abbildung 2.55, auch generisch suchen, d. h. in diesem Beispiel als *Test**.

Das System findet dann alle Schlagwörter, die mit »Test« beginnen, das können auch mehrere Schlagwörter zur gleichen Klasse sein (siehe Abbildung 2.56).

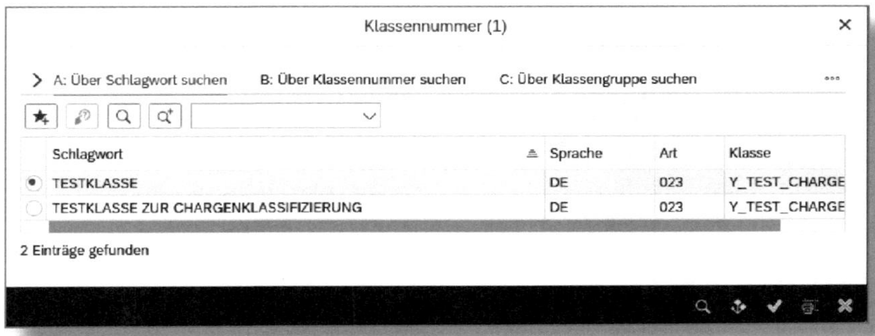

Abbildung 2.56: Klasse nach Matchcode finden

Merkmale

Listen Sie hier alle Merkmale, die Sie innerhalb der Klasse vereinen möchten. Ordnen Sie dann die Klasse einem Objekt zu (in unserem Beispiel einer Charge), sind immer alle hier zugeordneten Merkmale auch der Charge zugeordnet und können chargenspezifisch bewertet werden.

Die Merkmale werden so übernommen, wie Sie angelegt wurden (siehe Abschnitt 2.2.1), Änderungen sind innerhalb der Klasse nicht möglich (siehe Abbildung 2.57).

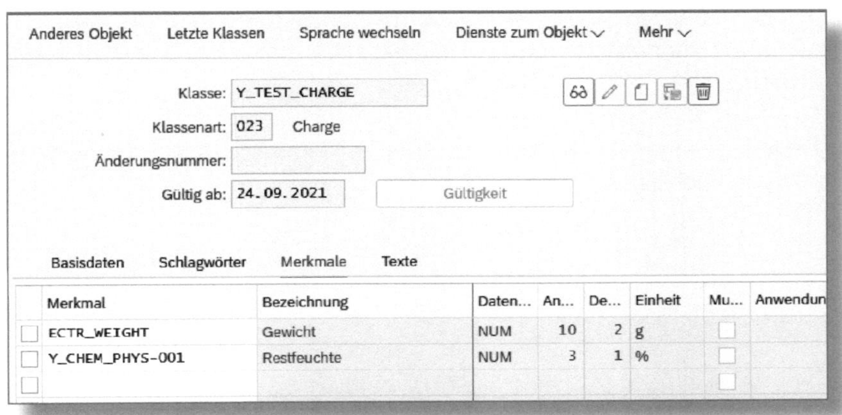

Abbildung 2.57: Einer Klasse zugeordnete Merkmale

2.3 Anlage einer Charge

Wir haben jetzt die Grundvoraussetzungen für das Arbeiten mit Chargenklassen geschaffen.

Jetzt müssen Sie die Klasse noch einem Material zuordnen (siehe Abbildung 2.58), danach kann eine Charge zum Material angelegt werden.

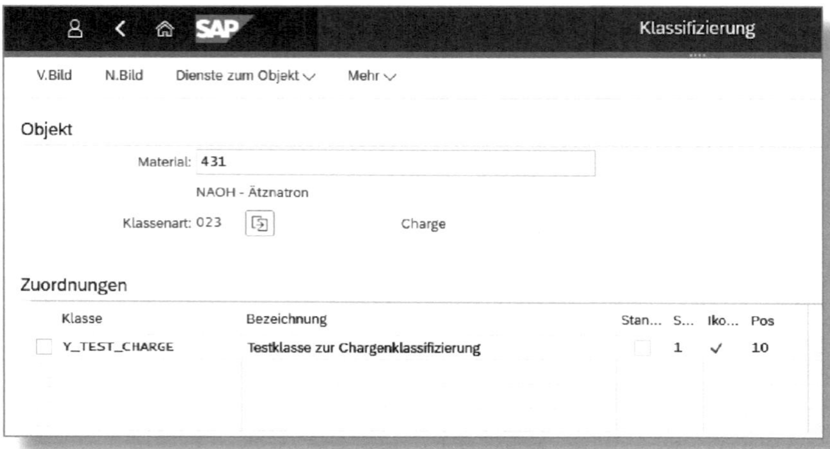

Abbildung 2.58: Klasse zum Material zuordnen

Zu jeder Charge, die Sie erstellen, werden automatisch die Klassenmerkmale zugeordnet, die über die Klassen auch dem Material zugeordnet wurden (siehe Abbildung 2.59).

Die Anlage einer Charge kann manuell die Fiori-App »Charge anlegen« erfolgen (siehe Abbildung 2.60).

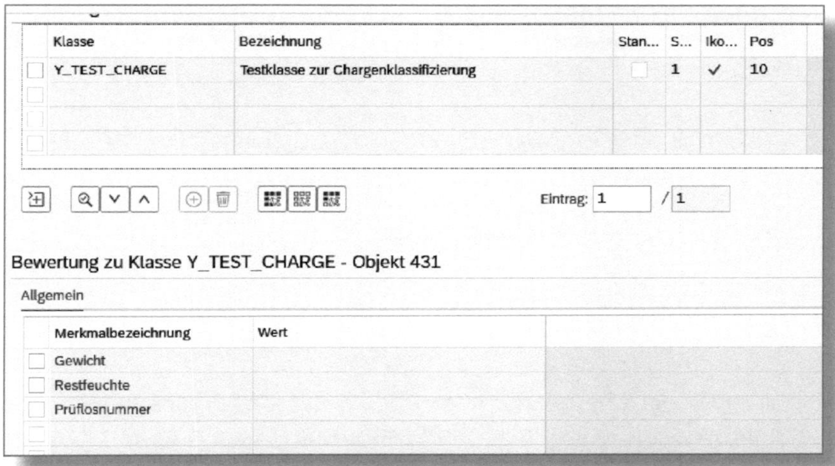

Abbildung 2.59: Über die Klasse zugeordnete Merkmale

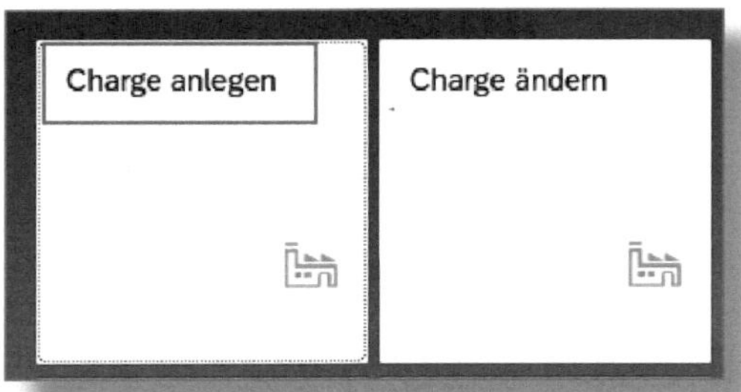

Abbildung 2.60: Fiori-App »Charge anlegen«

Im Einstiegsbild (siehe Abbildung 2.61) müssen Sie zumindest eine Nummer für das MATERIAL eingeben. Wenn Sie das WERK und den LAGERORT ebenfalls vorgeben, wird die Charge nur für diesen Lagerort in diesem Werk angelegt.

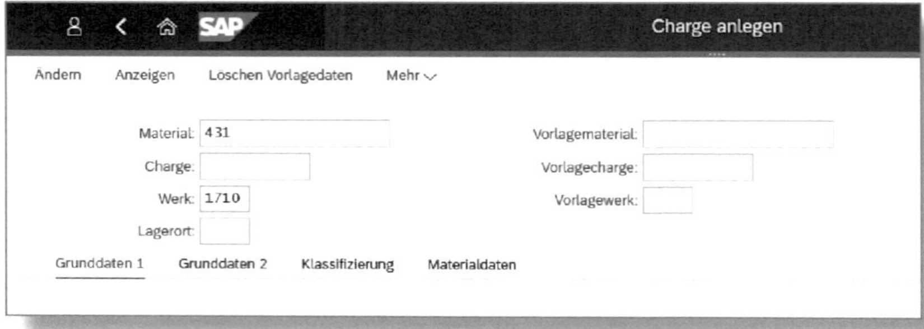

Abbildung 2.61: Charge anlegen – Einstieg

Die Vergabe der Chargennummer wird im Customizing eingestellt. Sie kann entweder intern (durch das System) oder extern (durch den Anwender) vorgenommen werden. Auch eine Kombination aus beiden Varianten ist möglich.

Wenn Sie in diesem Fall im Feld CHARGE eine Nummer vorgeben, wird diese, sofern das eingestellt ist, übernommen, bei interner Nummernvergabe erfolgt eine Sicherheitsabfrage (siehe Abbildung 2.62).

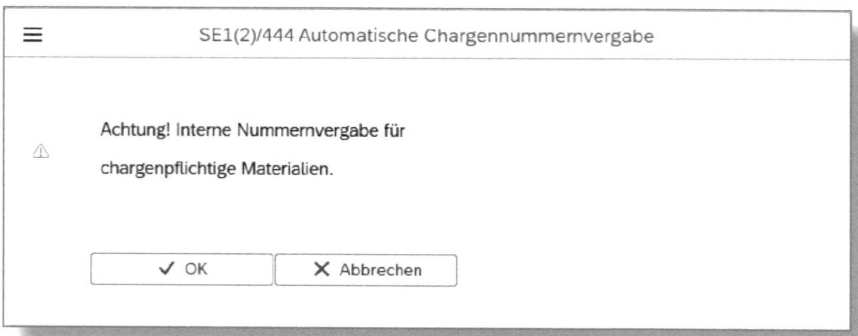

Abbildung 2.62: Interne Nummernvergabe aktiv

Nach Bestätigung dieser Abfrage wird die Charge angelegt, es sind jedoch keine Daten enthalten (siehe Abbildung 2.63).

Mit einem Klick auf ABBRECHEN stoppen Sie die automatische Chargennummernvergabe, und das System legt keine Charge an. Sie können jetzt die Nummer nochmals manuell eingeben oder erneut automatisch vergeben.

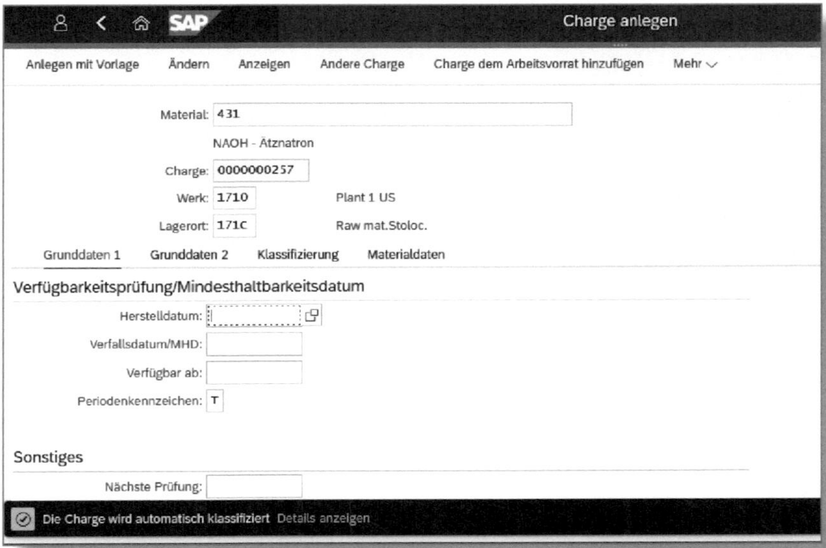

Abbildung 2.63: Manuelle Chargenanlage

Die Charge wird automatisch klassifiziert, d. h., die zum Material zugeordnete Klasse mit Merkmalen wird automatisch angelegt (siehe Abbildung 2.64).

Wenn Sie zu der angelegten Charge später einen Wareneingang buchen, übernimmt das System die durch die Buchung bekannten Daten, wie z. B. Menge, MHD, Lieferant, Lieferantencharge.

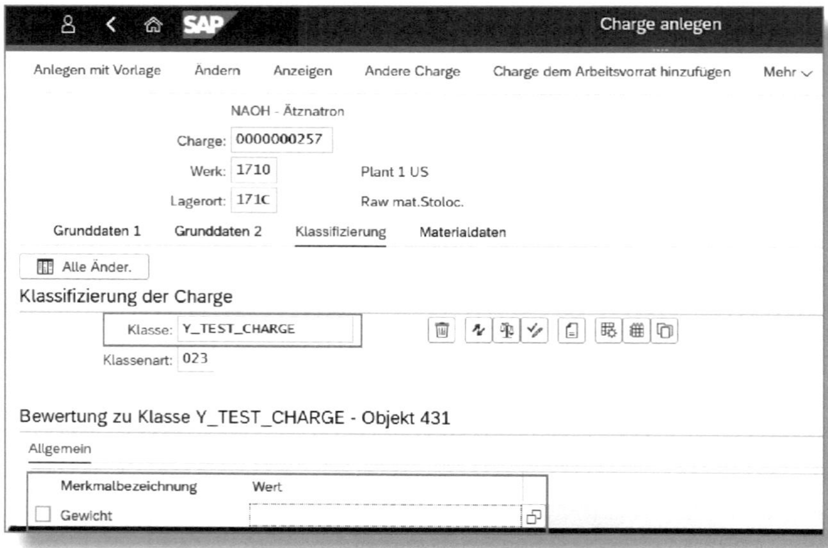

Abbildung 2.64: Automatische Klassifizierung

Sofern das Material chargenpflichtig ist, wird die Charge beim Wareneingang automatisch angelegt.

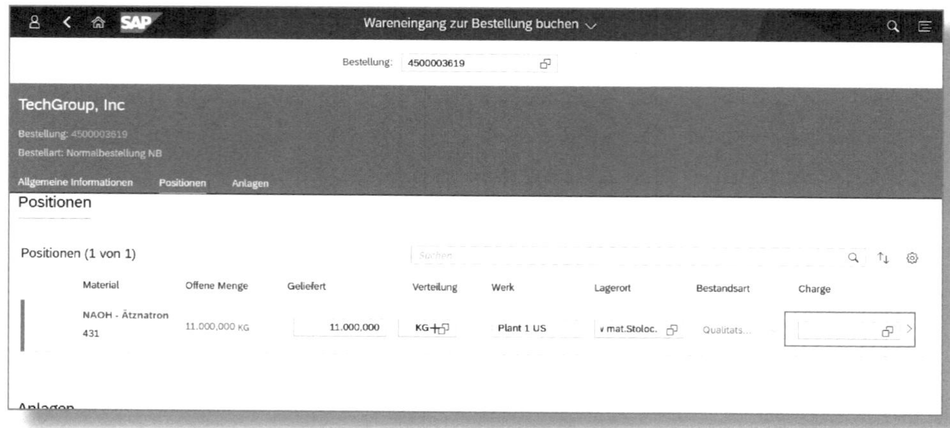

Abbildung 2.65: Wareneingang buchen

In der Abbildung 2.65 ist das Feld CHARGE noch nicht befüllt. Sie haben jetzt abhängig von der Einstellung im Customizing folgende Möglichkeiten:

- Lassen Sie das Feld leer, werden die Charge sowie die Chargennummer automatisch angelegt und vergeben.
- Sofern eine externe Nummernvergabe vorgesehen ist, können Sie die Chargennummer (numerisch oder alphanumerisch) hier vorgeben, die Charge wird mit dieser Nummer angelegt. Geben Sie keine Nummer ein, vergibt das System eine Charge mit interner Nummer.
- Sie können eine bestehende Charge aussuchen. Der neu gebuchte Bestand wird auf die bereits angelegte Charge gebucht. Bestehende Chargen können, sofern bekannt, direkt eingegeben, oder über die F4-Hilfe gesucht werden.

Wir entscheiden uns hier für die erste Möglichkeit und buchen den Bestand ohne weitere Eingabe einer Chargennummer.

Solange für eine Buchung noch weitere Eingaben nötig sind, sehen Sie einen roten Balken auf der linken Seite. Mit einem Klick auf den kleinen Pfeil rechts neben dem Feld CHARGE erreichen Sie das Bild mit den noch fehlenden Eingaben (siehe Abbildung 2.66).

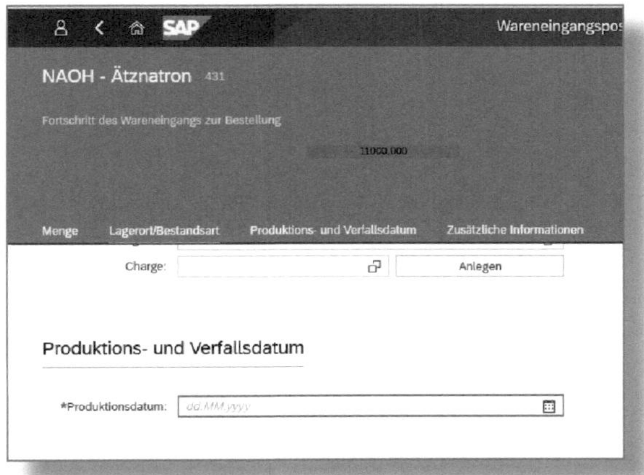

Abbildung 2.66: Produktionsdatum zur Berechnung des Verfallsdatums

Da wir im Materialstamm vorgegeben haben, dass das Material ÄTZNATRON ein MHD haben muss (Tabelle 2.4), verlangt das System die Eingabe des PRODUKTIONSDATUMS, um daraus das MHD zu berechnen. Diese Daten werden in die Charge übernommen.

Nach Eingabe des Datums (siehe Abbildung 2.67) klicken Sie auf **Übernehmen**.

Abbildung 2.67: Produktionsdatum eingegeben

Das System wechselt wieder in die ursprüngliche Sicht, die Position ist als aktiv markiert (siehe Abbildung 2.68), und der Push-Button **Buchen** ist ebenfalls aktiviert.

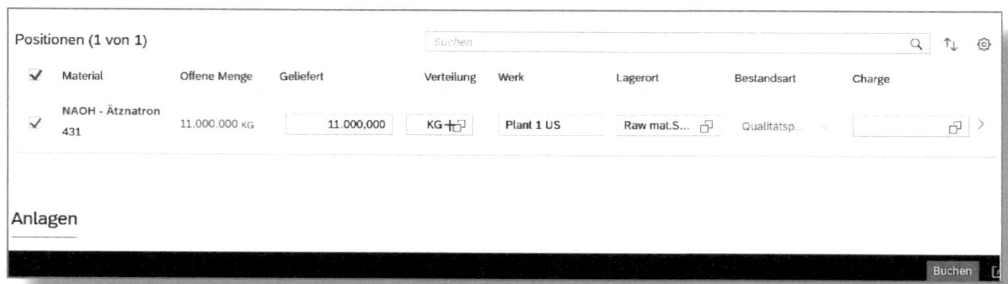

Abbildung 2.68: Wareneingang bereit zur Buchung

Buchen Sie jetzt den Wareneingang (WE), bestätigt Ihnen das System die Buchung (siehe Abbildung 2.69).

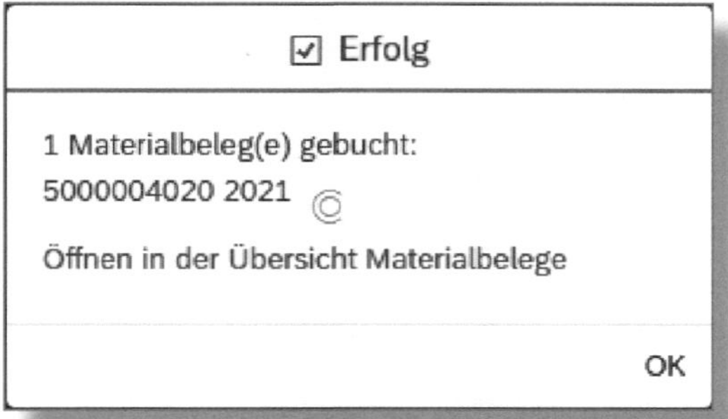

Abbildung 2.69: Bestätigung der WE-Buchung

Klicken Sie in diesem Pop-up auf den Link ÖFFNEN IN DER ÜBERSICHT MATERIALBELEGE, wird Ihnen der Materialbeleg angezeigt (siehe Abbildung 2.70).

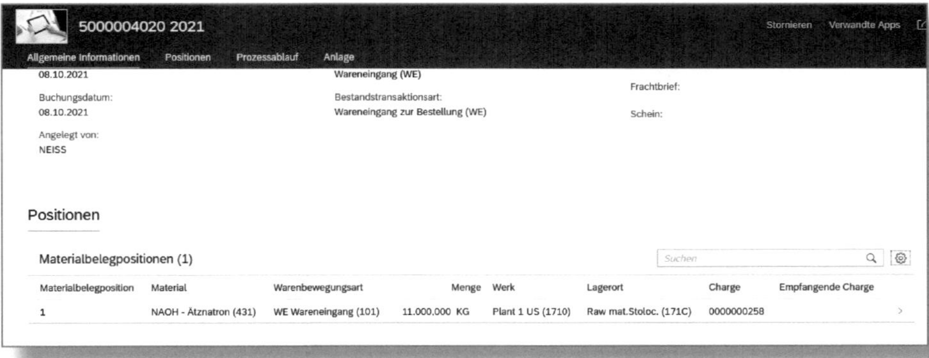

Abbildung 2.70: Materialbeleg zur WE-Buchung

Die im Materialbeleg genannte Charge wurde im System angelegt und das HERSTELLDATUM sowie das berechnete VERFALLSDATUM/MHD wurden übernommen (siehe Abbildung 2.71).

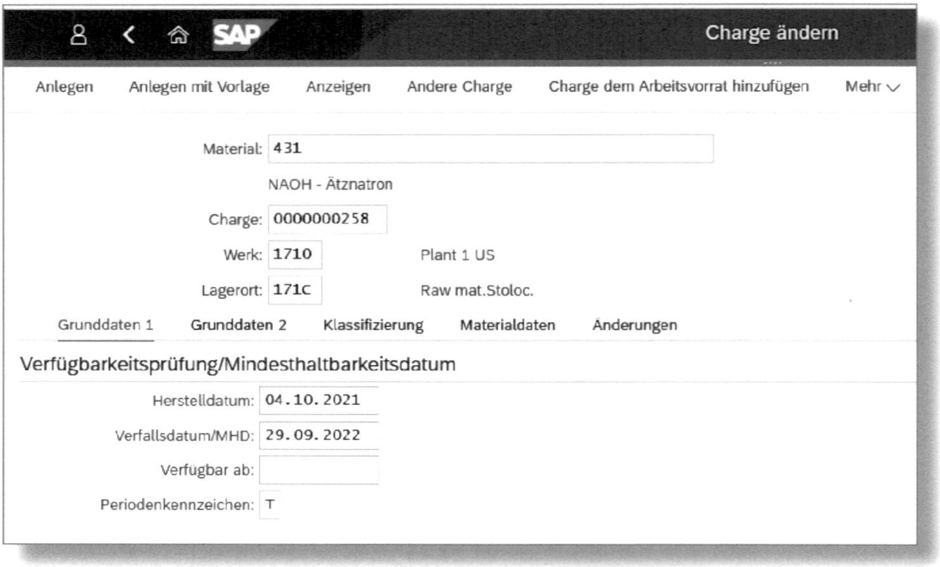

Abbildung 2.71: Charge zum WE automatisch angelegt

Im unteren Teil des Chargenstamms sehen wir in der Rubrik HANDELSDATEN auch den Lieferanten, der aus dem Wareneingang übernommen wurde (siehe Abbildung 2.72).

Abbildung 2.72: Handelsdaten zur Charge

Im Reiter ÄNDERUNGEN des Chargenstamms sehen Sie den BENUTZER, der diese Charge angelegt hat, dazu auch das DATUM und die UHRZEIT (siehe Abbildung 2.73). Das Feld TRANSAKTION ist hier nicht befüllt, da dieser Wareneingang durch eine Fiori-App gebucht wurde.

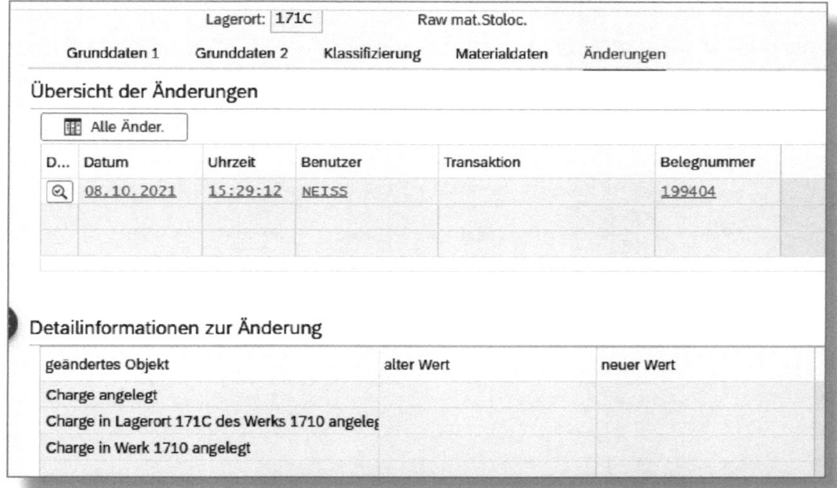

Abbildung 2.73: Änderungshistorie zur Charge

2.4 Getrennte Bewertung

Die getrennte Bewertung ist eigentlich ein Instrument der Komponente Controlling (CO). Mit dieser Funktion haben Sie die Möglichkeit, Teilbestände auch wertmäßig zu unterscheiden. Dies kann dadurch begründet sein, dass ein Material in einem unterschiedlichen Zustand vorliegt: Ein Teil ist frisch produziert (Bewertungsart *NEU*), ein anderes wurde zur Reparatur zurückgeliefert (Bewertungsart *DEFEKT*). Es handelt sich hierbei um das gleiche Material, das aber im System unterschiedlich bewertet wird.

Neben dem Zustand eines Materials kann für die getrennte Bewertung auch unterschiedliche Herkunft oder Qualität ausschlaggebend sein. Ebenso wird bei einem Material, das entweder eigengefertigt oder zugekauft sein kann, der unterschiedliche buchhalterische Wert durch die getrennte Bewertung dargestellt.

Wird ein bewertungsrelevanter Vorgang ausgeführt – ein Wareneingang, ein Warenausgang, eine Inventur oder ein Rechnungseingang –, muss bei dessen Buchung angegeben werden, um welchen Teilbestand es sich handelt, ob beispielsweise um ein Neuteil oder ein defektes Teil (siehe Abbildung 2.74). Dadurch wird der jeweilige Teilbestand im System mengen- und auch kostenmäßig fortgeschrieben.

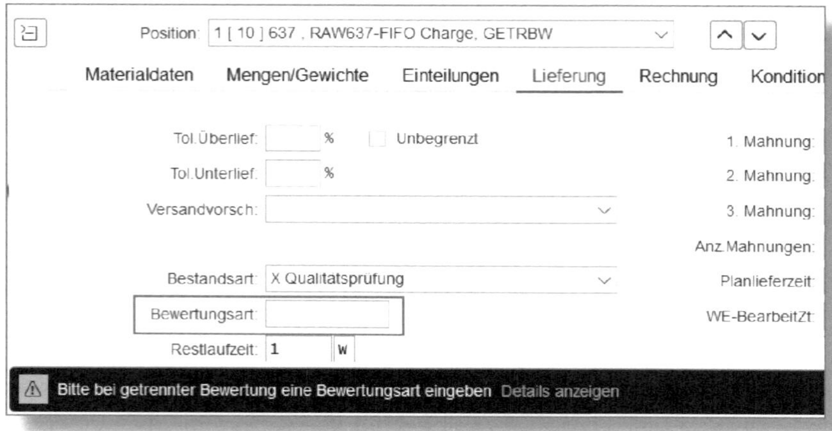

Abbildung 2.74: Bestellung – Material mit getrennter Bewertung

Wählen Sie die Bewertungsart (BEWERTART) *NEU* (siehe Abbildung 2.75), wird der zu buchende Bestand mit dem Einkaufspreis aus der Bestellung bewertet.

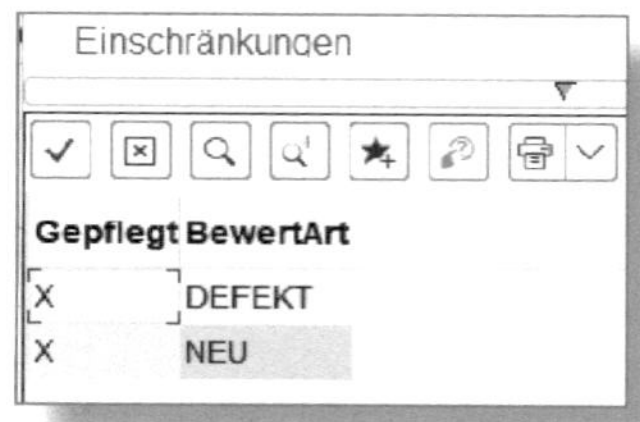

Abbildung 2.75: Mögliche Bewertungsarten

Die BEWERTUNGSART wird auch in den Wareneingang übernommen (siehe Abbildung 2.76) und kann hier nicht mehr geändert werden.

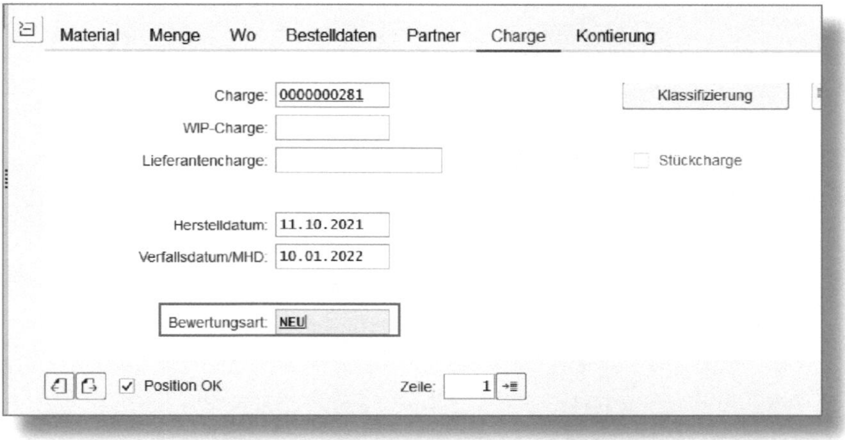

Abbildung 2.76: Wareneingang mit getrennter Bewertung

Damit diese Aktionen möglich sind, muss die getrennte Bewertung für Ihr Werk im Customizing eingestellt sein.

Sie pflegen diese in der Buchhaltungssicht des Materials über den BEWERTUNGSTYP (siehe Abbildung 2.77). Darüber wird dann die ebenfalls im Customizing eingestellte Bewertungsart (siehe Abbildung 2.75) zugeordnet.

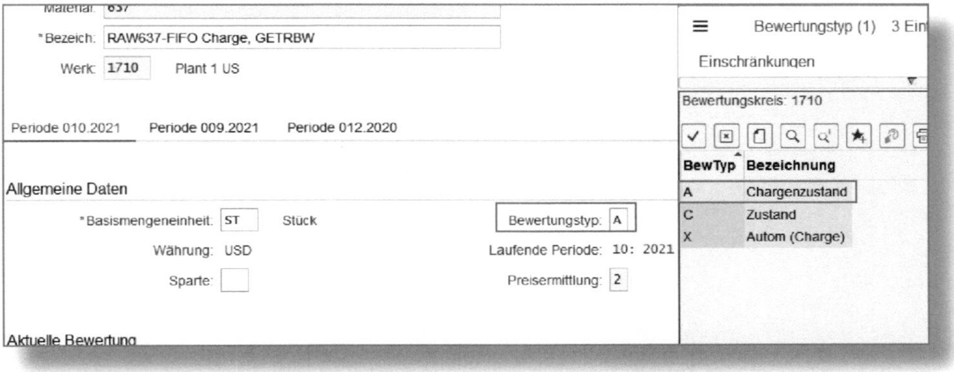

Abbildung 2.77: Buchhaltungssicht des Materials – Bewertungstyp

Sie müssen jede BEWERTUNGSART separat zum Material anlegen (siehe Abbildung 2.78).

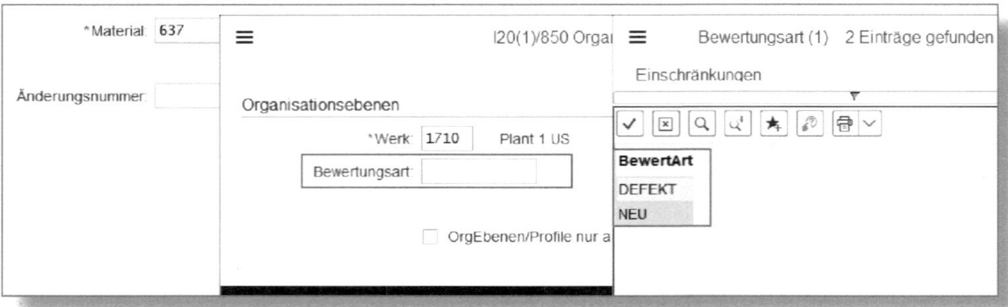

Abbildung 2.78: Bewertungsart zum Material

Danach können Sie pro Bewertungsart einen Preis vorgeben.

Abbildung 2.79 und Abbildung 2.80 zeigen den Vorgang für die Bewertungsart DEFEKT, Abbildung 2.81 und Abbildung 2.82 für NEU.

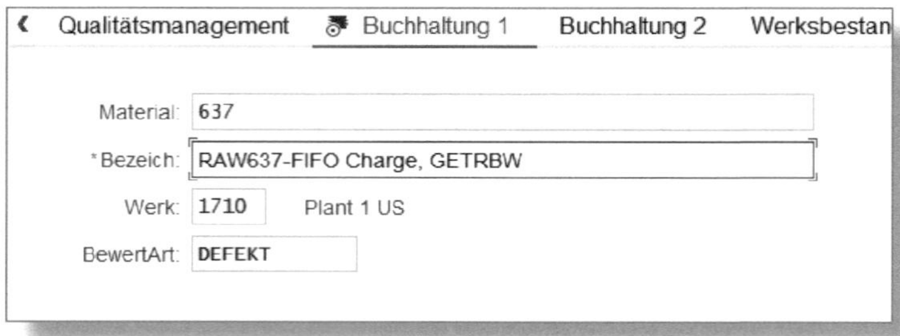

Abbildung 2.79: Bewertungsart »DEFEKT«

Abbildung 2.80: Preis für Bewertungsart »DEFEKT«

Die BEWERTUNGSART wird automatisch in die Charge übernommen (siehe Abbildung 2.83), sofern Sie im Material alle Bewertungsarten korrekt gepflegt haben und darüber hinaus das SAP-Standardmerkmal *LOBM_BWTAR* in der Chargenklasse eingetragen ist.

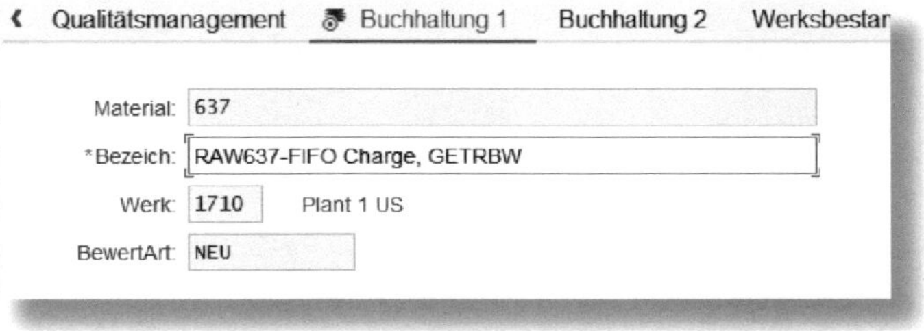

Abbildung 2.81: Bewertungsart »NEU«

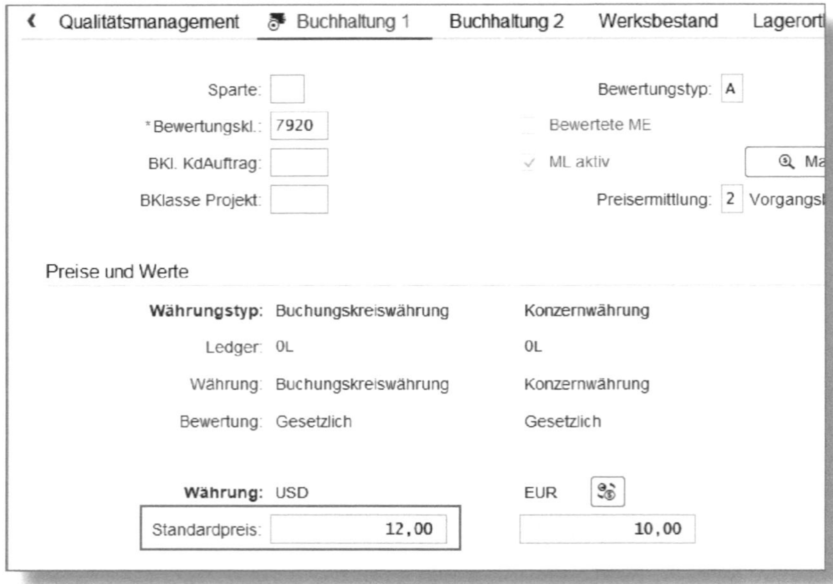

Abbildung 2.82: Preis für Bewertungsart »NEU«

Bewertung zu Klasse YB_BATCH - Objekt 637 0

Allgemein CHEMISCHE

Merkmalbezeichnung	Wert
Chargennummer	0000000281
Lieferanten-Chargen-Nummer	
Verfallsdatum, Mindesthaltbark	10.01.2022
Bewertungsart	NEU

Abbildung 2.83: Bewertungsart in der Charge

Dieser Merkmalswert kann nun in einer Chargenfindung eingesetzt werden. Jetzt ist sichergestellt, dass nur die Chargen für die Produktion oder den Verkauf genutzt werden, die **nicht** die Bewertungsart »DEFEKT« haben.

3 Die Chargenfindung

In den vorherigen Kapiteln habe ich gezeigt, wie eine Charge entsteht, welche Bedingungen erfüllt sein müssen, um mit ihr arbeiten zu können, und wie sie verwaltet wird.

In diesem Kapitel möchte ich darauf eingehen, wie Sie die korrekten Chargen für einen Produktions- oder auch Verkaufsauftrag im System finden. SAP kann die Chargen automatisch zuordnen (Chargenfindung über Chargensuchstrategie), die Chargenfindung lässt sich jedoch auch manuell ausführen. Außerdem können Sie bei chargenpflichtigen Komponenten die Charge auch ohne Chargenfindung manuell einsetzen. Das System akzeptiert diese Eingabe (vorausgesetzt, die Charge existiert). Sie suchen die gewünschte Charge dann über die F4-Hilfe aus, die Ihnen alle angelegten Chargen anbietet. Allerdings erfolgt hier keine Prüfung des verfügbaren Bestands.

3.1 Voraussetzungen für die Chargenfindung

Eine Chargenfindung kann in fast allen logistischen Prozessen zum Einsatz kommen. Am häufigsten geschieht das beim Produktions- bzw. Prozessauftrag und beim Verkaufsauftrag. Aber auch innerhalb der Lagerverwaltung im Transportauftrag oder beim Warenausgang zum Produktionsauftrag ist ein Einsatz möglich. Exemplarisch möchte ich mich im Folgenden mit dem Produktionsauftrag beschäftigen.

Zur Nutzung der Chargenfindung sind neben den notwendigen Einstellungen im Customizing natürlich auch Stammdaten anzulegen.

Für eine Chargensuchstrategie (Chargenfindung) erforderlich sind eine Selektionsklasse und eine Sortierregel.

In der *Selektionsklasse* legen Sie Kriterien fest, nach denen Sie die zu ermittelnde Charge suchen möchten. Vom technischen Standpunkt aus ist eine Selektionsklasse nichts anderes als eine Chargenklasse, wie ich sie Ihnen in Abschnitt 2.2.2 bereits beschrieben habe. In SAP gibt es dazu allerdings eine separate Transaktion, nämlich *BMC1* für »Selektionsklasse anlegen«.

Der Unterschied zwischen einer Selektionsklasse und einer »normalen« Chargenklasse liegt darin, dass Sie in eine Selektionsklasse nur diejenigen Merkmale aufnehmen, die Sie für die Bestimmung der geeigneten Chargen benötigen. In der regulären Chargenklasse haben Sie alle Merkmale angelegt, welche die Eigenschaften der Charge spezifizieren.

3.1.1 Anlage einer Selektionsklasse

Für die Anlage einer Selektionsklasse öffnen Sie über das Fiori Launchpad die App »Klassen verwalten« (siehe Abbildung 3.1).

Abbildung 3.1: Klasse anlegen – Einstieg

Sie kommen in das bereits bekannte Einstiegsbild und geben hier die Daten der anzulegenden Selektionsklasse an (siehe Abbildung 3.2).

Im Bereich MERKMALE geben Sie die Klassenmerkmale ein, nach denen die korrekte Charge gefunden werden soll. Achten Sie darauf, dass diese Merkmale der Selektionsklasse in der Chargenklasse vorhanden sind.

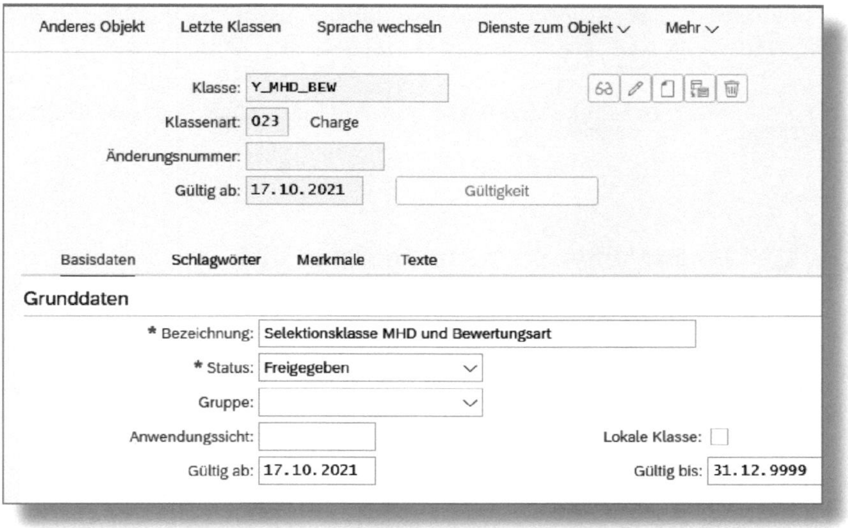

Anderes Objekt
Letzte Klassen
Sprache wechseln
Dienste zum Objekt
Mehr
Klasse: Y_MHD_BEW
Klassenart: 023 Charge
Änderungsnummer:
Gültig ab: 17.10.2021
Gültigkeit
Basisdaten
Schlagwörter
Merkmale
Texte
Grunddaten
* Bezeichnung: Selektionsklasse MHD und Bewertungsart
* Status: Freigegeben
Gruppe:
Anwendungssicht:
Lokale Klasse:
Gültig ab: 17.10.2021
Gültig bis: 31.12.9999

Abbildung 3.2: Anlegen einer Selektionsklasse

Meistbesucht
Erste Schritte
Qualitätsprüfung (QM...
Erste Schritte
Online Time Entr
SAP
Anderes Objekt
Letzte Klassen
Sprache wechseln
Dienste zum Objekt
Klasse: Y_MHD_BEW
Klassenart: 023 Charge
Änderungsnummer:
Gültig ab: 17.10.2021
Gültigkeit
Basisdaten
Schlagwörter
Merkmale
Texte
Merkmal
Bezeichnung
Daten...
An...
De...
LOBM_VFDAT Verfallsdatum, Mindesthaltbark DATE 10 0
LOBM_BWTAR Bewertungsart CHAR 10 0
LOBM_UDCODE Verwendungsentscheid CHAR 13 0
LOBM_ZUSTD Zustand der Charge CHAR 1 0
Klasse
Bezeichnung
YB_BATCH Chargen FIFO
Bewertung zu Klasse YB_BATCH - Objekt 637
Allgemein
CHEMISCHE
Merkmalbezeichnung
Wert
Chargennummer
Lieferanten-Chargen-Nummer
Verfallsdatum, Mindesthaltbark
Bewertungsart
Verwendungsentscheid
Zustand der Charge

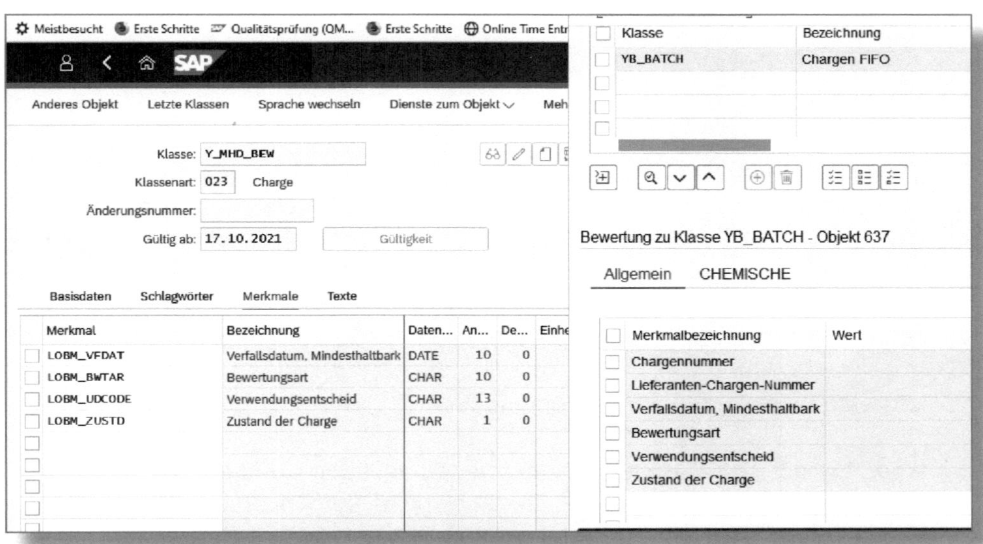

Abbildung 3.3: Vergleich Selektionsklasse gegen Chargenklasse

Abbildung 3.3 zeigt links die Merkmale der Selektionsklasse, rechts diejenigen der Klasse aus dem Materialstamm.

Sichern Sie die Selektionsklasse durch einen Klick auf den Button Sichern.

3.1.2 Anlage einer Sortierreihenfolge

Danach legen Sie eine Sortierregel – auch als Sortierreihenfolge bezeichnet – an. Über den App-Finder rufen Sie aus dem SAP-Menü die App zum Anlegen der Sortierregel auf (siehe Abbildung 3.4). Sie entspricht der Transaktion *CU70* im GUI-Modus.

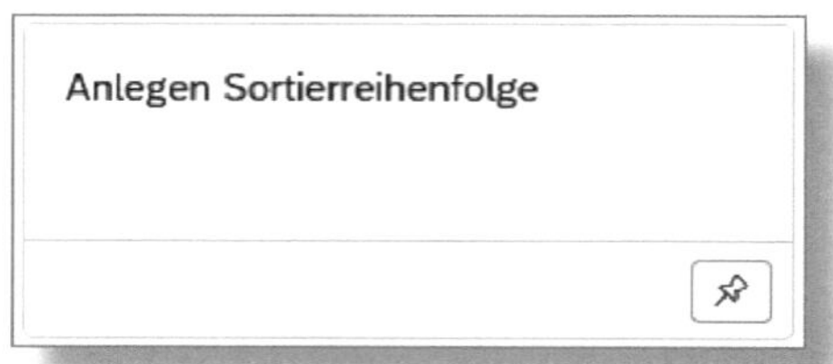

Abbildung 3.4: Sortierregel anlegen

Mithilfe der Sortierregel steuern Sie, wie das System die gefundenen Chargen anzeigt. Das kann z. B. das bekannte und sehr oft genutzte First-in-First-out(FIFO)-Prinzip sein. Dabei stehen die ältesten Chargen in der Liste der gefundenen Chargen an der Spitze. Genauso könnten Sie sich auch die Chargen in der Reihenfolge ihrer MHD anzeigen lassen. Dann wird die Charge, die als nächste abläuft, oben angezeigt.

Ich zeige Ihnen jetzt die Sortierung nach MHD.

Wenn Sie die App starten oder über die Transaktion *CU70* einsteigen, werden Sie aufgefordert, der Sortierregel einen Namen zu geben (siehe Abbildung 3.5).

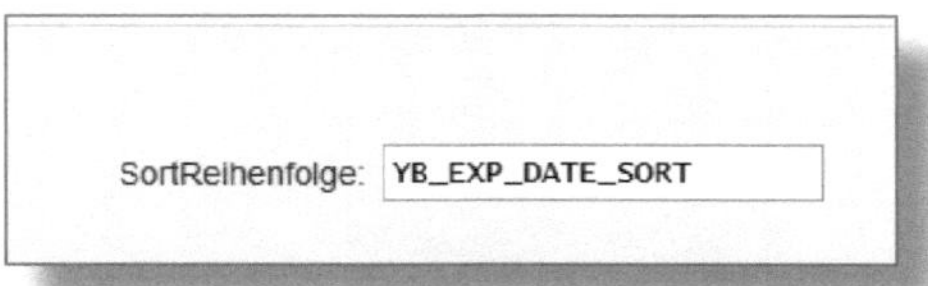

Abbildung 3.5: Anlage einer Sortierregel

In den BASISDATEN geben wir der Sortierregel (SORTREIHENFOLGE) eine aussagefähige Beschreibung und setzen ihren STATUS auf *1* für FREIGEGEBEN (siehe Abbildung 3.6).

Abbildung 3.6: Grunddaten der Sortierregel

Das Feld GRUPPE nutzen Sie, wenn Sie viele Sortierregeln anlegen und eine Suchhilfe bei der Zuordnung der Regel zur Chargenfindung benötigen.

Über PFLEGE SORTREIHFOLGE können Sie die Pflege der Sortierregel über Berechtigungen steuern.

Im Bereich MERKMALE (siehe Abbildung 3.7) legen Sie fest, welche Merkmale die Sortierreihenfolge bestimmen. Sie können mehrere

Merkmale anlegen, diese werden dann in der hier festgelegten Reihenfolge berücksichtigt.

Abbildung 3.7: Sortierreihenfolge

Mittels der Checkboxen AUFSTEIGEND und ABSTEIGEND bestimmen Sie darüber, ob, in unserem Fall, die Charge mit dem kürzesten oder dem längsten MHD die Liste anführt.

! Sortierreihenfolge

Die Merkmale in der Sortierregel müssen sich auch in der Selektionsklasse wiederfinden.

Speichern Sie die Sortierregel über den Push-Button **Sichern**.

Wir haben jetzt die Voraussetzungen dafür geschaffen, eine Chargensuchstrategie anzulegen.

3.1.3 Anlage einer Chargensuchstrategie

Für die Anlage der Suchstrategie ziehen Sie die Fiori-App »Suchstrategien anlegen für Fertigung« über den App-Finder aus dem SAP-Menü (siehe Abbildung 3.8). Diese verzweigt direkt in die SAP-Transaktion *COB1*.

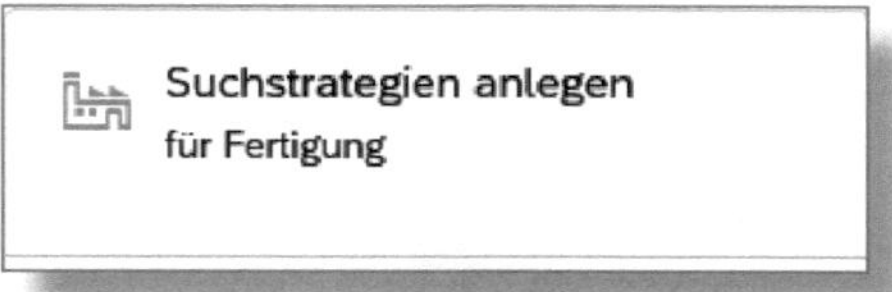

Abbildung 3.8: App zur Anlage der Chargensuchstrategie für die Fertigung

Sie kommen in das Einstiegsbild zur Anlage der Chargensuchstrategie (siehe Abbildung 3.9).

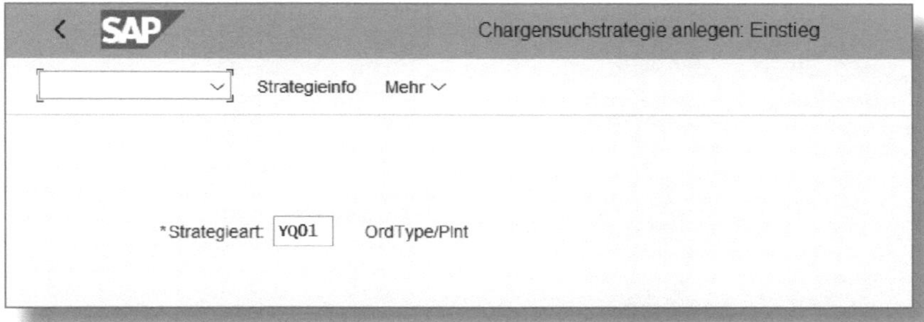

Abbildung 3.9: Einstieg zur Chargensuchstrategie

Die STRATEGIEART ist im Customizing voreingestellt. Sie unterscheidet sich danach, ob es um Bestandsführung, einen Fertigungsauftrag, einen Prozessauftrag geht oder um Vorgänge im Vertrieb oder der Lagerverwaltung.

Die Strategieart regelt, nach welchen Kriterien die Chargenfindung arbeitet. Unter anderem sind die Selektionsklasse, die Sortierreihenfolge sowie die Zugriffsfolge hinterlegt (also die Reihenfolge, in der auf Konditionstabellen zugegriffen wird – in unserem Beispiel zuerst auf die Auftragsart, danach auf das Werk). Die meisten dieser Werte können Sie manuell in der Chargenfindung ändern.

Sie erreichen danach die Detailsicht der Chargensuchstrategie (siehe Abbildung 3.10).

Abbildung 3.10: Chargensuchstrategie anlegen – Detailsicht

Geben Sie hier die Auftragsart (AUF…) und das WERK ein. Mit einem Doppelklick auf den Eintrag erreichen Sie die Details (siehe Abbildung 3.11).

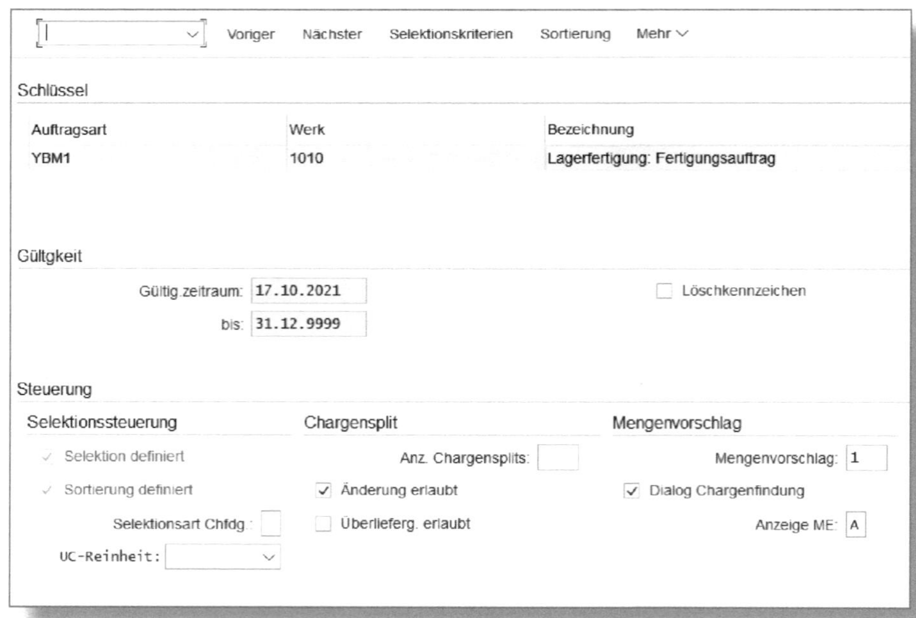

Abbildung 3.11: Chargensuchstrategie anlegen – Details

Die Bedeutung der Felder ist in Tabelle 3.1 erläutert.

Klicken Sie nun auf den Menüpunkt SELEKTIONSKRITERIEN. Im folgenden Fenster sehen Sie die Merkmale, die zu dieser Klasse angelegt wurden. Geben Sie die Werte ein, nach denen die Chargen gefunden werden sollen (siehe Abbildung 3.12).

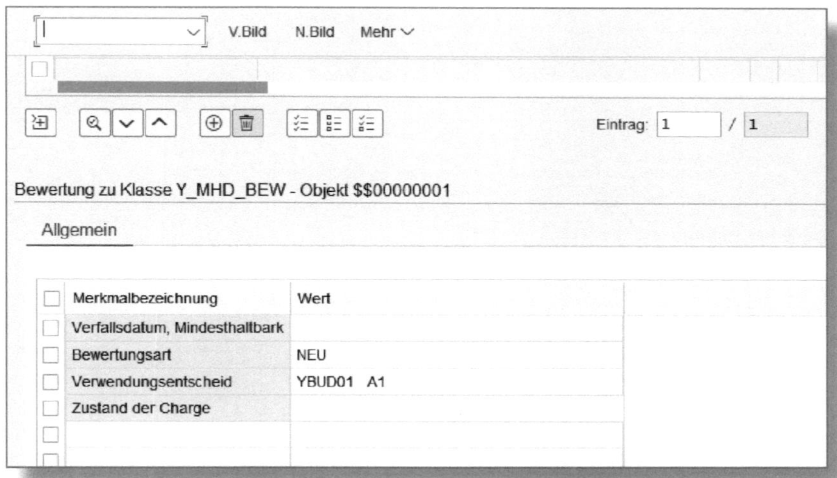

Abbildung 3.12: Selektionskriterien zur Chargensuchstrategie

Über den Menüpunkt SORTIERUNG (siehe Abbildung 3.11) hinterlegen Sie die vorher angelegte Sortierregel (siehe Abbildung 3.13).

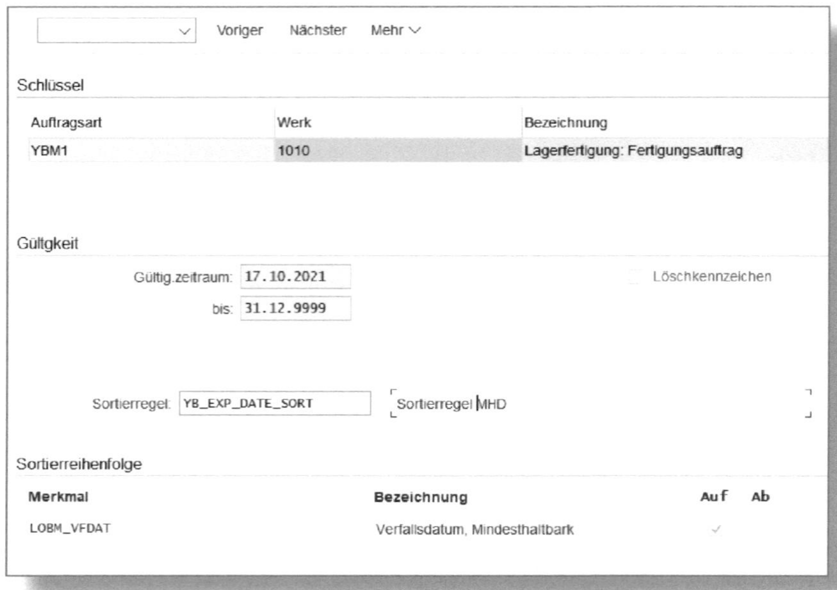

Abbildung 3.13: Sortierregel zur Chargenfindung

Sichern Sie die angelegte Sortierregel.

Feldname	Beschreibung
SCHLÜSSEL	
AUFTRAGSART	Auftragsart, mit der Fertigungsaufträge angelegt werden. Darüber legen Sie z. B. fest, wie die Auftragskosten kalkuliert werden, welcher Nummernkreis verwendet wird sowie andere Parameter. Bei der Chargenfindung werden nur Aufträge berücksichtigt, die mit dieser Auftragsart angelegt wurden.
WERK	Dies bezeichnet das SAP-Werk, für das diese Chargensuchstrategie gültig ist
BEZEICHNUNG	Hierbei handelt es sich um die Bezeichnung der Chargensuchstrategie.

Feldname	Beschreibung
GÜLTIGKEIT	
GÜLTIG.ZEIT-RAUM	Dieses Datum besagt, ab wann die Chargensuchstrategie gilt und wie lange diese gültig ist – i. d. R. ist es das Datum, an dem Sie die Strategie anlegen, sowie als Ende ein unendliches Datum. Diese Daten legen Sie zu Beginn der Strategieanlage fest (siehe Abbildung 3.10).
LÖSCHKENNZEICHEN	Diese Checkbox kreuzen Sie an, falls die jeweilige Chargensuchstrategie nicht mehr eingesetzt wird. Bei einer automatischen Chargensuche wird sie nicht mehr berücksichtigt. Der Datensatz wird beim nächsten Reorganisationslauf gelöscht.
STEUERUNG – SELEKTIONSSTEUERUNG	
SELEKTION DEFINIERT	Dieses Feld zeigt an, dass Selektionskriterien angelegt wurden. Es ist nicht änderbar.
SORTIERUNG DEFINIERT	Dieses Feld zeigt an, dass eine Sortierregel für diese Strategie angelegt wurde. Es ist nicht änderbar.
SELEKTIONSART CHFDG.	Hiermit steuern Sie, wie eine Chargenselektion innerhalb der Chargenfindung erfolgen soll. Sie haben vier Eingabemöglichkeiten: ▶ Keine Eingabe: Alle Chargen, die den Suchkriterien entsprechen, werden in einem separaten Fenster angeboten. Sie können eine Charge (oder mehrere Chargen, sofern ein Chargensplit erlaubt ist) aussuchen. ▶ Eingabe *N*: Sie bekommen generell keine Chargen angeboten, auch wenn Chargen den Suchkriterien entsprechen. Diese Einstellung ist nur dann sinnvoll, wenn Sie während der Chargensuche Selektionskriterien ändern möchten. ▶ Eingabe *O*: Es werden alle Chargen angeboten, auch wenn keine Selektionskriterien angelegt sind. Wenn Sie die Selektionskriterien dann anlegen oder ändern, wird die Selektion entsprechend eingegrenzt. ▶ Eingabe *F*: Hier werden genau die Chargen angeboten, die den Selektionskriterien entsprechen. Die Kriterien können hier nicht geändert werden (siehe Abbildung 3.14).

Feldname	Beschreibung
UC-REINHEIT	Hiermit legen Sie fest, ob eine Chargenfindung nach der Ursprungschargenreinheit (UC-Reinheit) erfolgen soll: ▶ Keine Eingabe: Es findet keine entsprechende Überprüfung statt, d. h., es werden dann Chargen aller beliebigen Ursprungschargen angeboten. ▶ Eingabe Eine Komponente: Die Chargenfindung erfolgt nach der UC-Reinheit, d. h., zur Abdeckung der benötigten Menge werden nur Chargen mit derselben Ursprungscharge herangezogen. ▶ Eingabe Alle Komponenten: Auch hier erfolgt die Chargenfindung nach der UC-Reinheit. Allerdings wird geprüft, ob sich im Fertigungsauftrag bereits eine Komponente befindet, deren Chargenfindung nach der UC-Reinheit erfolgte. Dann werden nur Chargen derselben Ursprungscharge wie die bereits erfassten Komponenten herangezogen. Siehe hierzu auch Abschnitt 5.2.
STEUERUNG – CHARGENSPLIT	
ANZ. CHARGEN-SPLITS	Geben Sie hier die Anzahl der Chargen ein, die für die Abdeckung eines Bedarfs erlaubt sind. Machen Sie keine Eingabe, sind Chargensplits generell und ohne Eingrenzung erlaubt.
ÄNDERUNGEN ERLAUBT	Die Anzahl der Chargensplits kann während der Chargensuche angepasst werden.
ÜBERLIEFERG. ERLAUBT	Hiermit erlauben Sie, dass die Gesamtmenge der gefundenen Chargen größer ist als die geforderte Menge.

Feldname	Beschreibung
STEUERUNG – MENGENVORSCHLAG	
MENGENVOR-SCHLAG	Legen Sie hier fest, wie die geforderte Menge aus den gefundenen Chargen zusammengestellt wird (das gilt nur bei Chargensplit). Hinter jeder der Routinen (siehe Abbildung 3.15) steht ein Programm, mit dem das System den Mengenvorschlag umsetzt.
DIALOG CHAR-GENFINDUNG	Aktivieren Sie dieses Kennzeichen, läuft die Chargenfindung hell (also im Vordergrund) ab. Das machen Sie dann, wenn die Chargenfindung nicht automatisch ablaufen soll und die Ergebnisse manuell beeinflusst werden sollen.
ANZEIGE ME	Legen Sie fest, wie die Mengeneinheit (ME) angezeigt werden soll: *A* – Lagermengeneinheit *B* – Erfassungsmengeneinheit des Belegs

Tabelle 3.1: Feldbeschreibung der Sicht »Details« zur Chargensuchstrategie (siehe Abbildung 3.11)

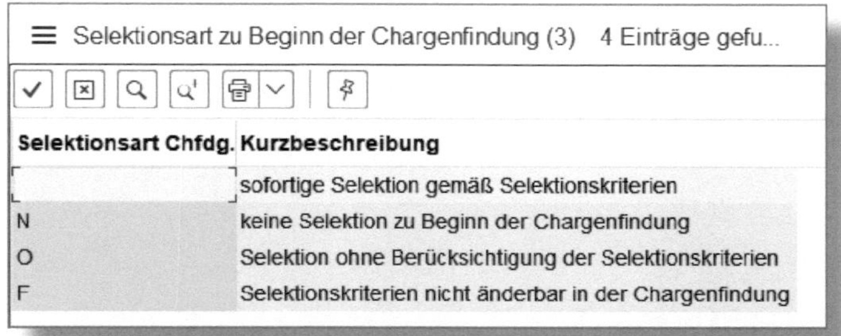

Abbildung 3.14: Selektionsart zur Chargenfindung

Abbildung 3.15: Mengenvorschlag

4 Funktionen der Chargenverwaltung

In den vorherigen Kapiteln habe ich Ihnen die Pflege der notwendigen Stammdaten für die Chargenanlage, die Klassifizierung und die Chargenfindung erläutert.

In diesem Kapitel beschreibe ich Ihnen, wie die Chargenverwaltung in die logistischen Prozesse eingebunden ist. Dazu gehört auch die Chargenzustandsverwaltung, die es erlaubt, eine Charge mit einem Klick global zu sperren und so vor fehlerhafter Verwendung zu schützen. Ferner behandle ich die Mindesthaltbarkeit von Chargen und bringe Ihnen die Integration zum Modul SAP QM (Qualitätsmanagement) näher.

4.1 Chargenzustandsverwaltung

Die Chargenzustandsverwaltung ist optional und muss im Customizing eingestellt werden. Der Chargenzustand steuert, ob eine Charge einsatzbereit (FREI VERWENDBAR) oder geblockt (NICHT FREI) ist (siehe Abbildung 4.1).

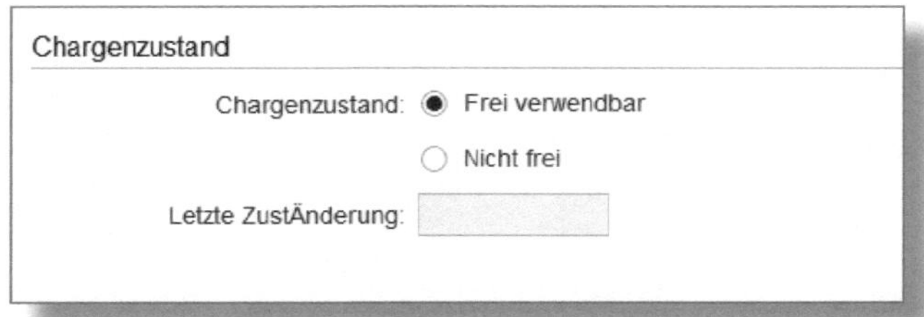

Abbildung 4.1: Chargenzustand

Der Chargenzustand wird beim Anlegen der Charge auf den Wert gesetzt, den Sie als Initialwert im Customizing vorgegeben haben. Sie können den Zustand der Charge manuell im Chargenstamm oder, sofern Sie eine Qualitätsprüfung vorgesehen haben, auch aus der Sicht der Erfassung des Verwendungsentscheids ändern (siehe Abbildung 4.2).

Verwendungsentscheid

Beim *Verwendungsentscheid (VE)* handelt es sich um einen Begriff aus dem Bereich des Qualitätsmanagements. Mit dem VE schließen Sie eine Qualitätsprüfung ab und entscheiden über die weitere Verwendung des geprüften Materials. Nähere Informationen dazu finden Sie im Buch »Schnelleinstieg ins Qualitätsmanagement mit SAP QM« (Espresso Tutorials, 2019): *http://5266.espresso-tutorials.de*.

Sofern ein negativer VE erfasst wird, ändert sich der Chargenzustand automatisch auf NICHT FREI. Diese Einstellung muss ebenfalls im Customizing über den Buchungsvorschlag zum VE-Code vorgenommen werden.

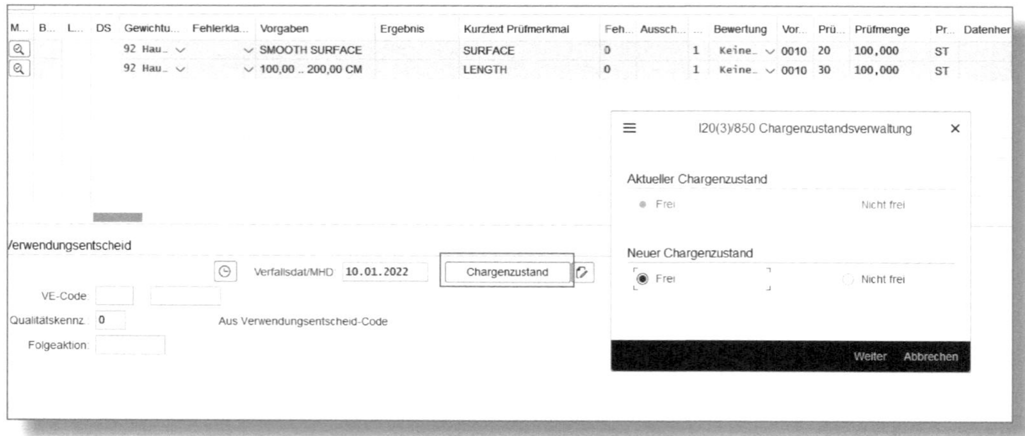

Abbildung 4.2: Chargenzustand über den Verwendungsentscheid ändern

Wenn eine Charge angelegt wurde, z. B. durch einen Wareneingang, ist der Chargenzustand gemäß Einstellung im Customizing auf FREI VERWENDBAR gesetzt (siehe Abbildung 4.3). In dieser Einstellung kann die

Charge genutzt werden, sei es für den Verkauf oder die Eigenproduktion.

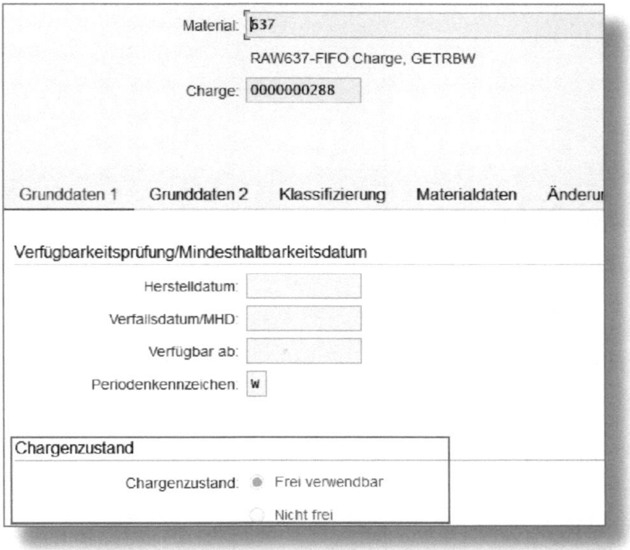

Abbildung 4.3: Chargenzustand nach Anlage der Charge

Für diese Charge wird nach Wareneingang eine Wareneingangskontrolle durchgeführt und aufgrund rückgewiesener Prüfergebisse (außerhalb der geforderten Spezifikationswerte) die weitere Verwendung dieser Charge gesperrt. Das bedeutet, der Verwendungsentscheid, der ein Prüflos abschließt, wird auf RÜCKGEWIESEN gestellt (siehe Abbildung 4.4).

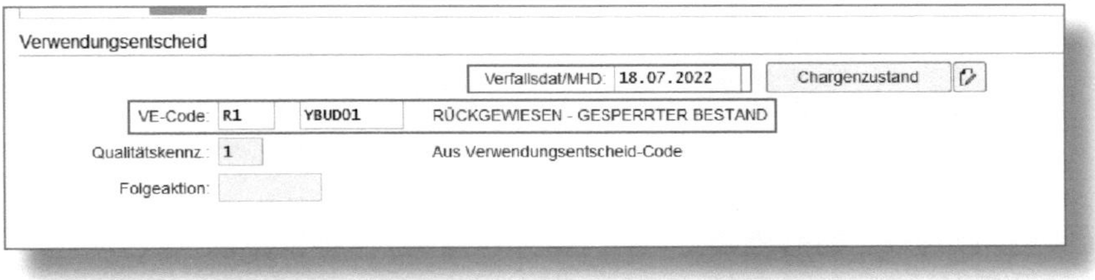

Abbildung 4.4: Verwendungsentscheid rückgewiesen, MHD eingegeben

In der Erfassung des Verwendungsentscheids kann jetzt auch das MHD eingegeben oder geändert werden.

Sichern Sie nun den Verwendungsentscheid, zeigt Ihnen eine Systemmeldung an, dass der Zustand der Charge aufgrund des negativen Verwendungsentscheids ebenfalls auf NICHT FREI gesetzt wird (siehe Abbildung 4.5).

Abbildung 4.5: Meldung beim Sichern des Verwendungsentscheids

Der neue Chargenzustand muss bestätigt werden (siehe Abbildung 4.6), danach ist die Qualitätsprüfung abgeschlossen und diese Charge gegen versehentliche Weiterverarbeitung gesperrt.

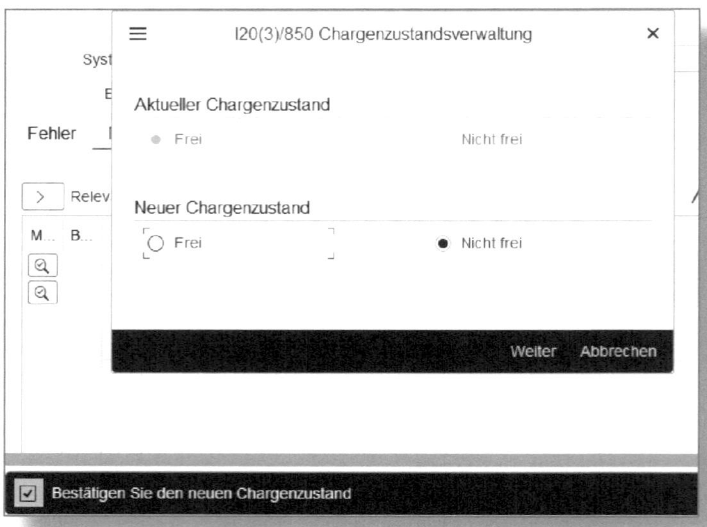

Abbildung 4.6: Chargenzustandsverwaltung nach Verwendungsentscheid

Der Chargenstammsatz zeigt diese Änderung im Abschnitt CHARGENZUSTAND an (siehe Abbildung 4.7).

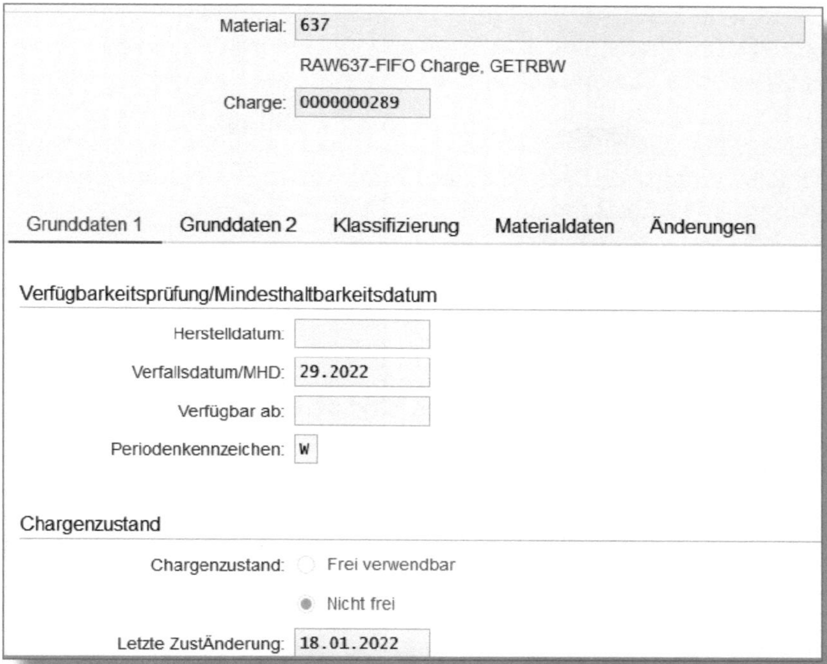

Material: 637

RAW637-FIFO Charge, GETRBW

Charge: 0000000289

Grunddaten 1 Grunddaten 2 Klassifizierung Materialdaten Änderungen

Verfügbarkeitsprüfung/Mindesthaltbarkeitsdatum

Herstelldatum:

Verfallsdatum/MHD: 29.2022

Verfügbar ab:

Periodenkennzeichen: W

Chargenzustand

Chargenzustand: Frei verwendbar

Nicht frei

Letzte ZustÄnderung: 18.01.2022

Abbildung 4.7: Charge nach Sichern des Verwendungsentscheids

4.2 Chargenverwaltung mit SAP QM

Sofern Sie ein chargenpflichtiges Material auch einer Qualitätsprüfung unterziehen, können Sie einem Prüflos immer genau eine Charge zuordnen. Buchen Sie einen Wareneingang – gleich, ob es sich um einen Wareneingang vom Lieferanten oder aus der eigenen Produktion handelt – in mehreren Einzelbuchungen, legt das System eine Charge pro Buchung und ein Prüflos pro Charge an. Das lässt sich über die Steuerung der Prüfloserzeugung im Materialstamm beeinflussen. Näheres hierzu können Sie nachlesen in dem Buch »Schnelleinstieg ins Qualitätsmanagement mit SAP QM« (Espresso Tutorials, 2019): *http://5266.espresso-tutorials.de*.

Die Charge muss während der Eröffnung eines Prüfloses nicht zugeordnet sein, spätestens beim Verwendungsentscheid ist diese Zuordnung jedoch zwingend notwendig.

Buchen Sie einen Wareneingang eines prüf- und chargenpflichtigen Materials, legt das System beide Datensätze (Prüflos und Chargenstamm) im Hintergrund an.

Für den Wareneingang, den wir in Abschnitt 2.3 gebucht haben (siehe Abbildung 2.70), hat SAP auch ein entsprechendes PRÜFLOS angelegt (siehe Abbildung 4.8).

Sie finden hier neben dem MATERIAL und dem WERK auch die CHARGE. Diese wollen wir uns näher anschauen, indem wir auf das Symbol rechts neben der Charge und dem Lagerort klicken.

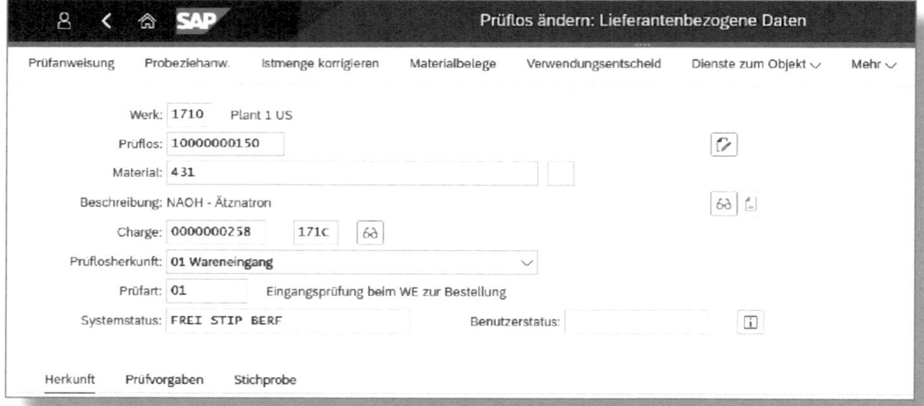

Abbildung 4.8: Prüflos zum Wareneingang eines chargenpflichtigen Materials

Die Charge (siehe Abbildung 4.9) wird angezeigt.

In der Sicht KLASSIFIZIERUNG sehen Sie die zugeordneten Merkmale. Im Merkmal PRÜFLOSNUMMER wird die korrekte Nummer angezeigt (siehe Abbildung 4.10).

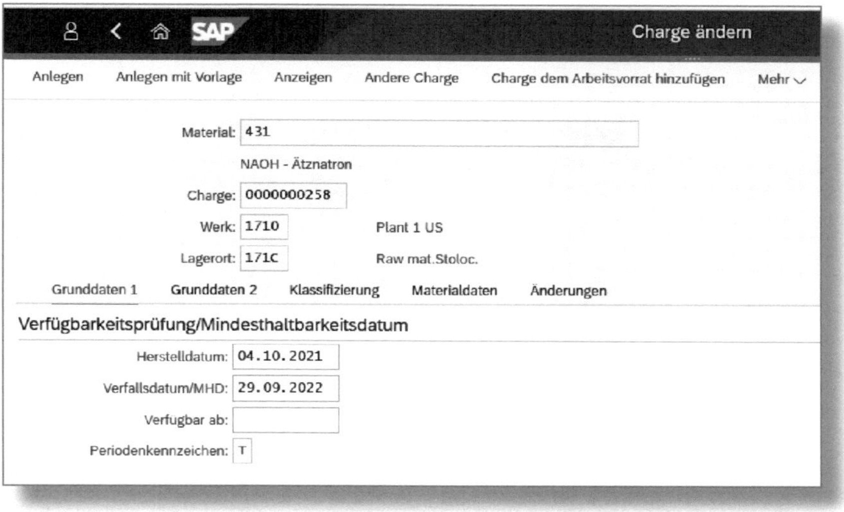

Abbildung 4.9: Charge zum Wareneingang

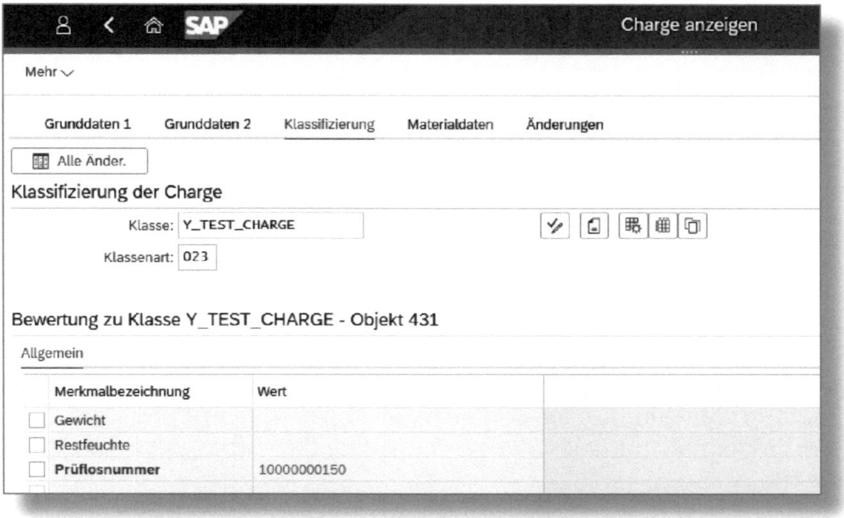

Abbildung 4.10: Klassifizierung der angelegten Charge

Die anderen Merkmale werden erst befüllt, wenn die Ergebniserfassung durchgeführt (siehe Abbildung 4.11) und über die Verwendung der Charge (freigegeben oder rückgewiesen, siehe Abbildung 4.12) entschieden ist.

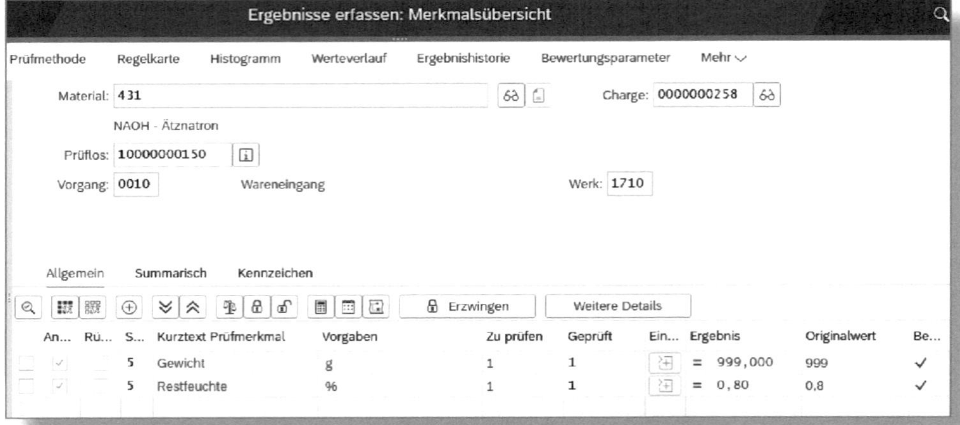

Abbildung 4.11: Prüfergebnisse zur Charge

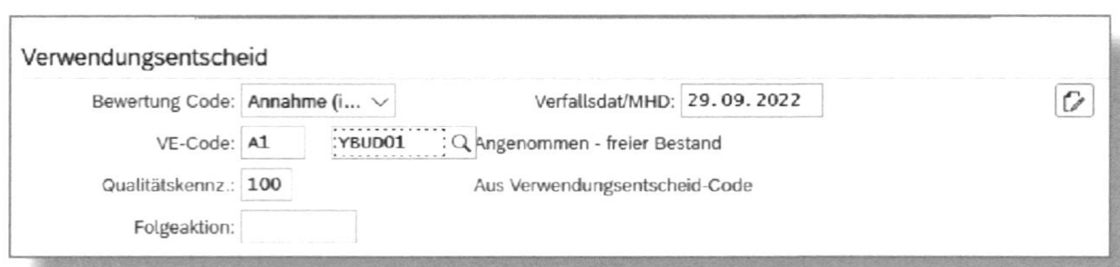

Abbildung 4.12: Verwendungsentscheid zur Charge

Damit diese Ergebnisse automatisch übertragen werden, ist neben entsprechenden Customizing-Einstellungen eine Verknüpfung des Prüfmerkmals mit dem Chargenmerkmal notwendig (siehe Abbildung 4.13).

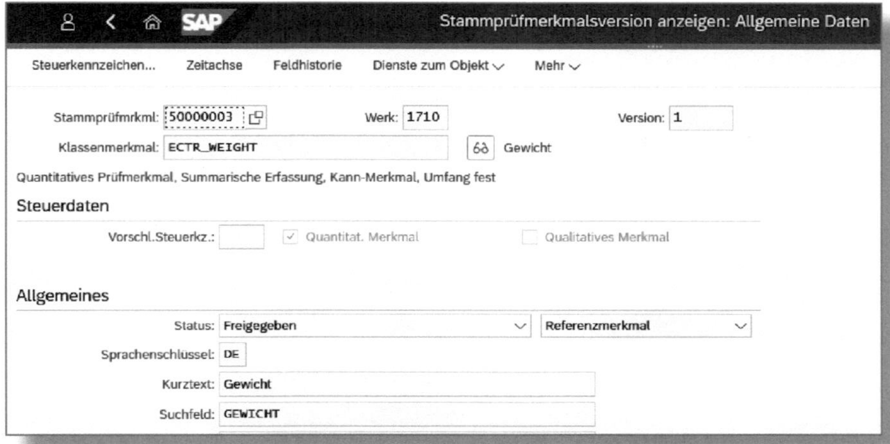

Abbildung 4.13: Stammprüfmerkmal mit Referenz zu einem Klassenmerkmal

Ergebniserfassung

Bei Abbildung 4.11, Abbildung 4.12 und Abbildung 4.13 handelt es sich um Abbildungen aus dem Bereich SAP Qualitätsmanagement. Näheres dazu finden Sie in dem bereits erwähnten Buch »Schnelleinstieg ins Qualitätsmanagement mit SAP QM«.

Durch den Verwendungsentscheid, der zum Prüflos dieser Charge erfasst wurde, wurden die Merkmalswerte im Hintergrund übertragen (siehe Abbildung 4.14).

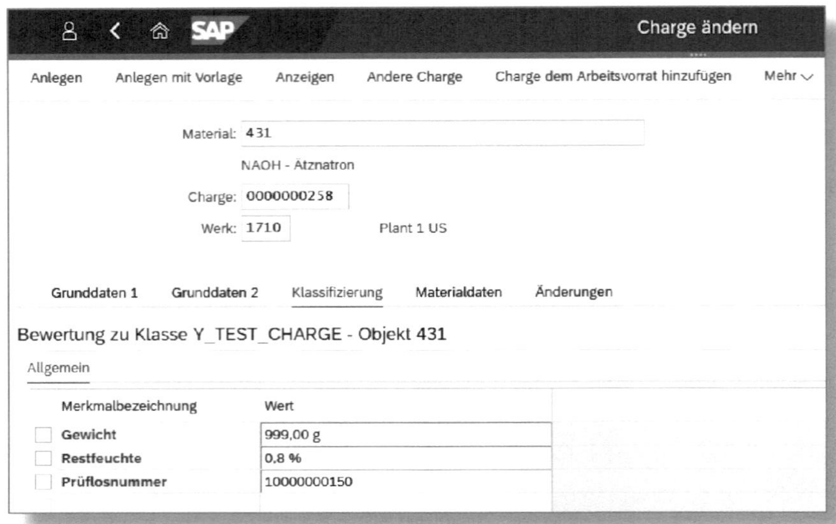

Abbildung 4.14: Bewertung der Charge nach Verwendungsentscheid

Aus der Änderungshistorie der Charge (siehe Abbildung 4.15) erhalten Sie die Informationen, die ich in Tabelle 4.1 beschreibe.

Änderungsbeschrbg	Feld	Merk.	Abltg	alter Wert	neuer Wert	Datum	Uhrzeit	Benutzer	Transaktionscode	Belegnummer
Gewicht	○	◉	○		999,00 G	09.10.2021	16:13:45	NEISS	QA11	199415
Restfeuchte	○	◉	○		0,8 %	09.10.2021	16:13:45	NEISS	QA11	199415
Prüflosnummer	○	◉	○		10000000150	09.10.2021	15:36:04	NEISS	MSC2N	199407
Datum der letzten Änderung	◉	○	○	00.00.0000	09.10.2021	09.10.2021	15:36:03	NEISS	MSC2N	199408
Charge angelegt	◉	○	○			08.10.2021	15:29:12	NEISS		199404
Charge in Werk 1710 angelegt	◉	○	○			08.10.2021	15:29:12	NEISS		199404

Abbildung 4.15: Änderungshistorie der Charge

Feldname	Beschreibung
ÄNDERUNGSBESCHRBG	Nennung der geänderten Objekte
FELD	Hinweis, ob es sich um ein Feld innerhalb der Charge handelt
MERK.	Hinweis, ob es sich um ein Chargenmerkmal handelt
ABLTG	Hinweis, ob die Änderung durch eine Chargenableitung hervorgerufen wurde
ALTER WERT	Ausgangswert vor der Änderung
NEUER WERT	Wert nach der Änderung
DATUM	Datum der Änderung
UHRZEIT	Uhrzeit der Änderung
BENUTZER	Benutzer, der die Änderung vorgenommen hat
TRANSAKTIONSCODE	Transaktion, welche die Änderung initiiert hat
BELEGNUMMER	Interne Änderungsnummer des Belegs

Tabelle 4.1: Änderungshistorie der Charge

Manuelle Änderung der Charge

Sie können alle Werte der Charge, also auch die Merkmalswerte, die aus der Qualitätsprüfung hier eingetragen wurden, manuell ändern. Diese Änderungen werden ebenfalls in der Änderungshistorie hinterlegt.

4.3 Chargenableitung (Vererbung)

Eine Chargenableitung (früher: Chargenvererbung) beschreibt die Übertragung von Merkmalswerten der Charge und Informationen zum Chargenstammsatz entlang der Prozesskette. So können z. B. Merkmalsdaten, die zu einer Charge beim Wareneingang erfasst wurden, an die Produktion bzw. an das gefertigte Material weitergegeben werden. Durch Zusatzprogrammierung lasssen sich diese Werte auch an Fremdsysteme übergeben, die etwa über eine Umlagerungsbestellung Ware in Ihrem System angefordert haben.

In diesem Abschnitt erläutere ich Ihnen diejenigen Einstellungen, die Sie benötigen, um die Chargenableitung in den Bereichen Produktion, Qualitätsmanagement und Bestandsführung einzuführen.

4.3.1 Funktionsweise

In der Chargenableitung sprechen wir von *Senderchargen* – das sind die Chargen, welche die zu übertragenden Informationen bereitstellen – und von *Empfängerchargen* – also den Chargen, welche die Informationen empfangen. Dafür müssen Sie im System Sender- und Empfängerkonditionssätze anlegen. Ebenso muss der Chargenverwendungsnachweis (siehe Abschnitt 5.4.1) aktiv sein, damit SAP die Vererbung an die Prozesskette durchführen kann.

Generell gibt es zwei Szenarien der Ableitung (siehe Abbildung 4.16):

- **Pull-Ableitung** (ein Empfänger, mehrere Sender): Hierbei haben Sie eine Empfängercharge, die aus mehreren Senderchargen bedient wird. Dazu ermittelt das System anhand des Chargenverwendungsnachweises im Top-down-Modus alle möglichen Senderchargen und überträgt die Daten gemäß der Ableitung an die Empfängercharge.
- **Push-Ableitung** (mehrere Empfänger, ein Sender): Entlang des Bottom-up-Chargenverwendungsnachweises werden alle möglichen Empfängerchargen ermittelt und die Daten aus der Sendercharge auf diese Empfänger übertragen.

Pull-Ableitung

In Abbildung 4.16 übertragen die beiden Einkaufsmaterialien »Roh-EINS« und »Roh-ZWEI« das MHD auf das Material »Halb-EINS«. Es wird dasjenige MHD übertragen, das zuerst erreicht wird.

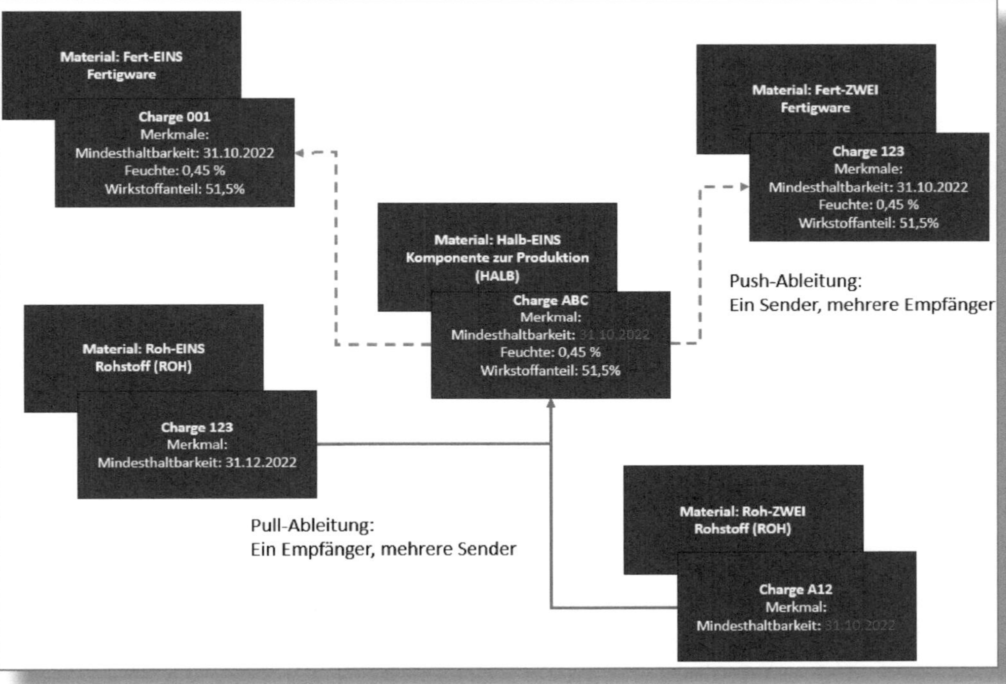

Abbildung 4.16: Push- und Pull-Ableitungen

> **Push-Ableitung**
>
> Das Material »Halb-EINS« wird in zwei Endprodukten eingesetzt (»Fert-EINS« und »Fert-ZWEI«); das MHD wird vom verwendeten Zwischenprodukt »Halb-EINS« auf beide Endprodukte übertragen.

Die Ableitung erfolgt zu einem vorher festgelegten Zeitpunkt (siehe Abbildung 4.17). Dieser wird im Customizing eingestellt und einem Suchschema zur Ermittlung der Empfänger- und der Sendercharge zugeordnet.

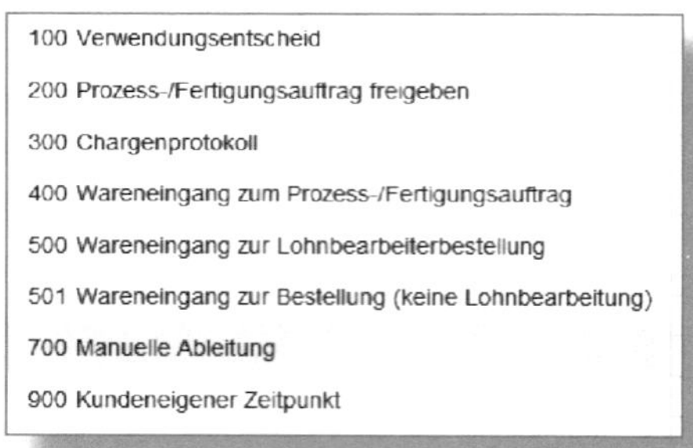

Abbildung 4.17: Ableitungszeitpunkte

Um Ihnen diesen Punkt näherzubringen, muss ich das Thema »Customizing-Einstellungen« vertiefen.

Sie müssen für eine Chargenableitung Konditionstechniken vorgeben. Der erste Schritt dazu ist, Tabellen zur Ermittlung der Empfänger- und Sendercharge einzustellen. In der Standardauslieferung hat SAP bereits zwei Konditionstabellen definiert: die MATERIALNUMMER (siehe Abbildung 4.18) und die Materialart. Sie können diese nach Ihren Bedürfnissen anpassen bzw. auch neue Konditionstabellen anlegen. Zu jeder dieser Tabellen gibt es Felder, die für die Ableitung herangezogen werden.

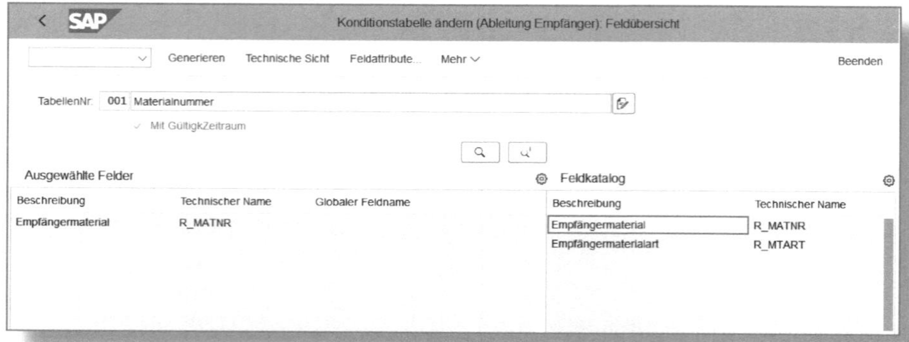

Abbildung 4.18: Konditionstabelle Empfängercharge

Die Konditionstabellen für die Senderchargen sind nach dem gleichen Prinzip aufgebaut (siehe Abbildung 4.19).

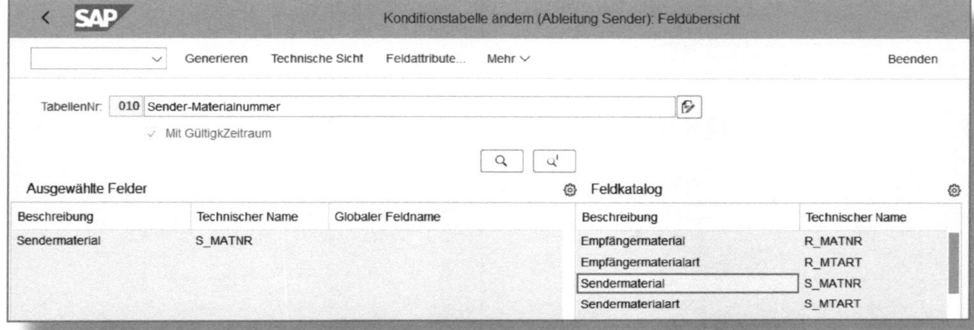

Abbildung 4.19: Konditionstabelle Sendercharge

Haben Sie die Konditionstabellen definiert, legen Sie die Zugriffsfolgen fest, d. h., wie das System nach Empfängerchargen sucht. Arbeiten Sie z. B. mit den SAP-Standardkonditionstabellen »Empfängermaterial« und »Werk/Empfängerart« und bestimmen, dass Empfänger zunächst mit der Konditionstabelle »Werk/Empfängerart« suchen soll, wird das System die Empfängercharge zuerst auf dieser Basis ermitteln. Erst wenn damit keine Empfängercharge gefunden wird, sucht SAP anhand der Konditionstabelle »Empfängermaterial« (siehe Abbildung 4.20).

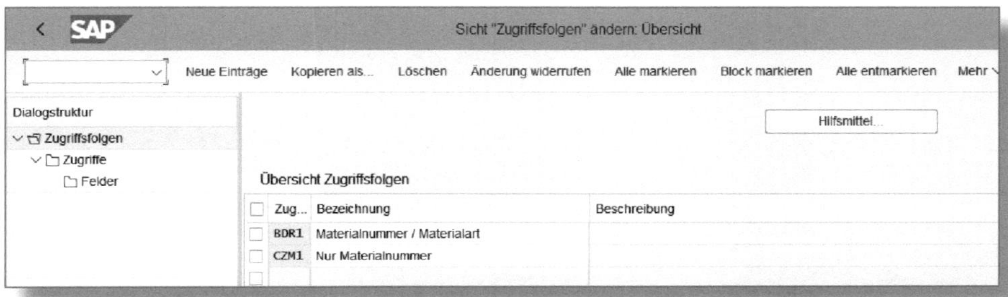

Abbildung 4.20: Zugriffsfolge für Empfängerchargen

Jetzt müssen Sie noch über die Strategiearten entscheiden. Für verschiedene Ableitungszeitpunkte können Sie unterschiedliche Suchstrategien festlegen. Dazu können Sie folgende Strategiearten anlegen:

- Strategieart, die zuerst mit der Kombination Empfängerwerk und Empfängermaterial, danach nur mit Empfängermaterial zugreift
- Strategieart, die nur mit Empfängermaterial zugreift

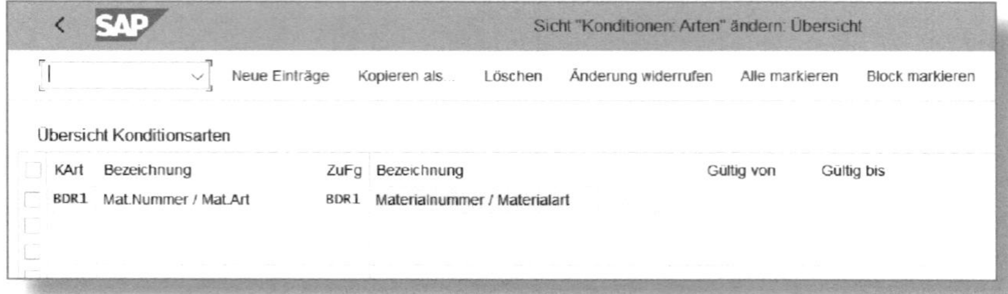

Abbildung 4.21: Strategieart

In Abbildung 4.21 zeige ich Ihnen, wie eine Konditionsart (KART) in der Standardauslieferung von SAP aussieht. Die Konditionsart definiert die Strategieart in der Chargenableitung. Der Konditionsart, deren Name frei wählbar ist (hier: *BDR1*), wird eine Zugriffsfolge zugeordnet.

Nun legen Sie noch das Suchschema an. Dieses umfasst alle Strategiearten, die sich zu einem bestimmten Ableitungszeitpunkt einsetzen lassen. Sie können z. B. bei der Freigabe eines Produktionsauftrags anders ableiten als beim Verwendungsentscheid.

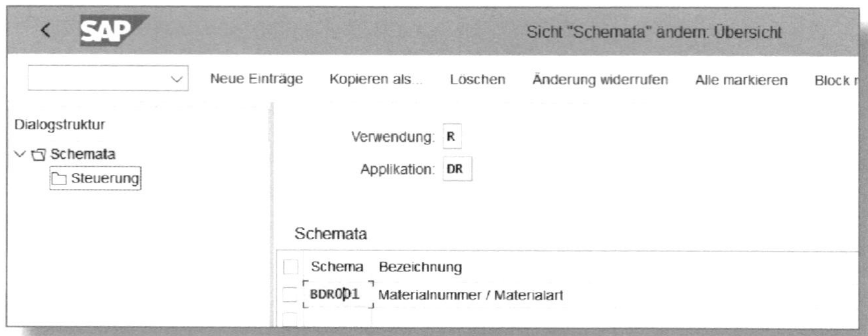

Abbildung 4.22: Suchschemata

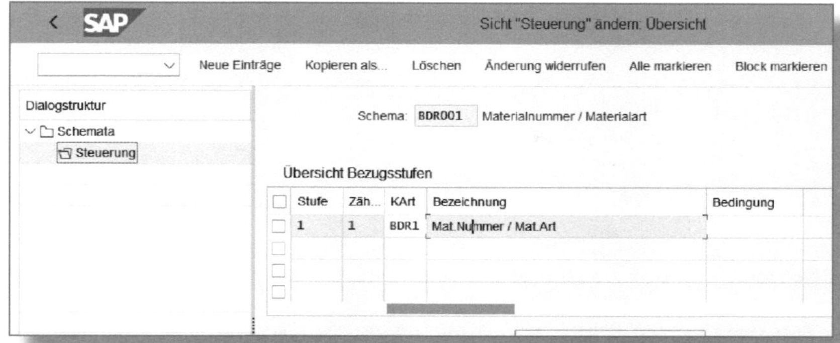

Abbildung 4.23: Steuerung zum Suchschema

In Abbildung 4.22 ist das von SAP ausgelieferte SCHEMA *BDR001* ausgewählt. Sie hinterlegen in der STEUERUNG (siehe Abbildung 4.23), mit welcher Konditionsart (KART) dieses Suchschema arbeiten soll. Dabei können Sie mehrere Konditionsarten zu einem Suchschema anlegen.

> **Customizing-Einstellungen**
>
> Die vorher genannten Schritte wurden nur anhand von Empfängerchargen aufgezeigt. Für jede dieser Einstellungen müssen Sie aber auch die »Gegeneinstellung« der Senderchargen vornehmen.

Legen Sie jetzt noch fest, welches EMPFÄNGERSUCHSCHEMA und SENDERSUCHSCHEMA für welchen ZEITPUNKT der Ableitung gelten soll (siehe Abbildung 4.24).

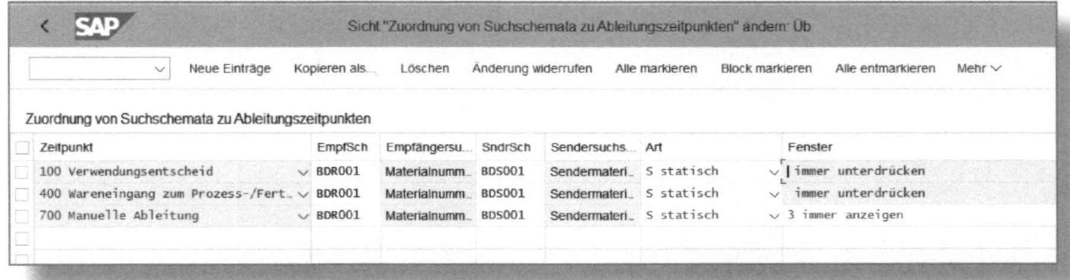

Abbildung 4.24: Zuordnung der Suchschemata zum Ableitungszeitpunkt

4.3.2 Anlage einer Chargenableitung

Um eine Chargenableitung anzulegen, stellen Sie zuerst die Konditionssätze für die Empfänger- und die Sendercharge ein.

Empfängercharge

Im Einstiegsbild bestimmen Sie, zu welcher Strategieart der Konditionssatz angelegt werden soll.

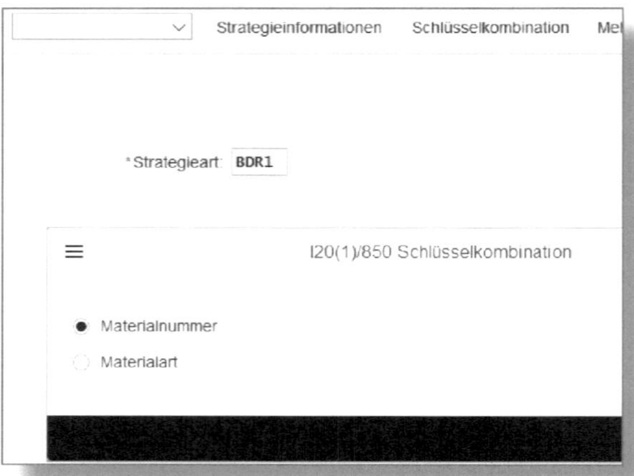

Abbildung 4.25: Suchstrategie für Empfängercharge anlegen

Gibt es zu dieser Strategie mehrere Möglichkeiten, müssen Sie sich auf eine SCHLÜSSELKOMBINATION festlegen (siehe Abbildung 4.25). In unserem Beispiel kann die Ableitung entweder zur MATERIALNUMMER oder zur MATERIALART eingestellt werden.

Im nächsten Bild (siehe Abbildung 4.26) können Sie ein oder mehrere Materialien anlegen, deren Chargen als Empfängercharge berücksichtigt werden.

Mit einem Doppelklick auf die Zeile (oder durch Markieren der Zeile und dann Klick auf Details) kommen Sie in die detaillierte Pflege der Ableitung (siehe Abbildung 4.27).

Abbildung 4.26: Suchstrategie pro Material

Vorheriger Nächster Konditionsverwendung Attribute hinzufügen

Kopfdaten

Schlüssel: Empfängermaterial - FG126

Gültig ab: 03.03.2022 Löschkennzeichen Meldungen für Prot

Gültig bis: 31.12.9999

Attribute (Felder/Merkmale), die empfangen werden

Attribut (Feld/Merkmal)	Feld	Merk.	Beschreibung
VFDAT			Verfallsdatum/MHD
C_BREITE			Breite

Kopierregel

Abbildung 4.27: Details zur Ableitung

Geben Sie in der Spalte ATTRIBUT (FELD/MERKMAL) diejenigen Felder bzw. Merkmale der Charge ein, zu denen die Ableitung erfolgen soll. Das System bestimmt dabei, ob es sich um ein FELD innerhalb der Charge (in Abbildung 4.27 das Attribut *VFDAT*) oder um ein Merkmal (MERK.) handelt (das Attribut *C_BREITE*). Dies wird dann in der jeweiligen Spalte entsprechend gekennzeichnet.

Durch einen Doppelklick auf einen Eintrag öffnet sich das Fenster, in dem Sie die Regeln zur Ableitung einstellen (siehe Abbildung 4.28).

Abbildung 4.28: Steuerung der Ableitung (Empfängercharge)

Die Erklärung der Felder in der Detailsicht finden Sie in Tabelle 4.2.

Feldname	Beschreibung
SENDERFELD LEER	Das System prüft, ob das entsprechende Feld in der Sendercharge leer ist. Sofern Sie hier *W Warnung* eingestellt haben, wird die Ableitung durchgeführt, aber eine Warnung ausgegeben. Steht dieses Attribut auf *E Fehler*, wird die Ableitung nicht durchgeführt.

Feldname	Beschreibung
ÜBERSCHREIBEN EMPF.	Auch hier können Sie *W Warnung* oder *E Fehler* auswählen. Das System prüft, ob das entsprechende Feld in der Empfängercharge bereits gefüllt ist. Bei »Warnung« wird das Feld in der Empfängercharge mit dem neuen Wert überschrieben, bei »Fehler« bricht die Ableitung ab.
STUFEN CHVERWNACHW	Die Ableitung nutzt den Chargenverwendungsnachweis zum Finden von Empfängerchargen. Sie können die nachfolgenden Werte eingeben, um festzulegen, welche Chargen als mögliche Empfänger in die Suche einbezogen werden: ▶ *0* – Nur die Empfängercharge wird berücksichtigt. ▶ *1* – Die Empfängercharge und die Chargen, die direkt in die Empfängercharge eingehen, werden berücksichtigt. ▶ *n* – Die Empfängercharge und dazu die Chargen aus den obersten 49 Ebenen des Chargenverwendungsnachweises werden berücksichtigt. ▶ *99* – Alle Chargen des Chargenverwendungsnachweises werden berücksichtigt.
EMPFÄNGER SENDET NICHT	Hiermit legen Sie fest, dass keine Rekursivität stattfindet, sofern die Empfängercharge der Sendercharge entspricht.
VERGLEICHEND – MINIMUM	Gültig für numerische und Datumsfelder: Bei einer Ableitung wird, sofern mehrere Senderchargen gefunden werden, nur der niedrigste Wert übertragen.

Feldname	Beschreibung
VERGLEICHEND – DURCHSCHNITT	Dieses Feld gilt nur für numerische Felder: Sofern mehrere Sender gefunden werden, wird aus allen Werten ein Durchschnittswert gebildet. Dieser wird dann an die Empfängercharge übertragen.
VERGLEICHEND – MAXIMUM	Analog zu »Minimum«: Hier wird allerdings der höchste Wert übertragen.
BOOLESCH	»Boolean« kennzeichnet eine Eigenschaft eines logischen Werts, der nur zwei Ausprägungen – WAHR oder FALSCH – annehmen kann. Legen Sie fest, ob die Auswahlregel UND oder ODER gilt. Dann bestimmen Sie, welche Werte als FALSCH und welche als WAHR zu berücksichtigen sind. Lassen Sie diese Felder leer, interpretiert das System ein leeres Feld als FALSCH. ▶ Auswahlregel UND bedeutet: Nur wenn **alle** Senderchargen den Wert haben, den Sie als WAHR hinterlegt haben, wird dieser auch übertragen. Weicht mindestens ein Wert davon ab oder ist kein Wert vorhanden, wird der Wert übertragen, den Sie als FALSCH hinterlegt haben. ▶ Auswahlregel ODER bedeutet: Hat mindestens ein Attribut der Sendercharge den Wert, den Sie bei WAHR hinterlegt haben, erhält auch die Empfängercharge diesen Wert. Haben jedoch alle Senderattribute unterschiedliche Werte, wird der Wert übertragen, den Sie bei FALSCH eingetragen haben.

Feldname	Beschreibung
MEHRWERTIGE MERKMALE	▶ SCHNITTMENGE: Werden bei der Ableitung mehrere Senderchargen gefunden, werden nur Werte an den Empfänger übergeben, die für dieses Merkmal in jeder Sendercharge vorkommen. ▶ VEREINIGUNGSMENGE: Ein Merkmalswert wird dann an den Empfänger übertragen, sobald er in mindestens einer Sendercharge vorkommt.

Tabelle 4.2: Felder zur Steuerung der Ableitung (Empfänger)

Sendercharge

Zum Anlegen eines Senderkonditionssatzes verfahren Sie analog zum Empfängerkonditionssatz.

Auch hier müssen Sie eine SCHLÜSSELKOMBINATION aussuchen. In unserem Beispiel wählen wir die EMPFÄNGERMATERIALART + SENDERMATERIALART (siehe Abbildung 4.29).

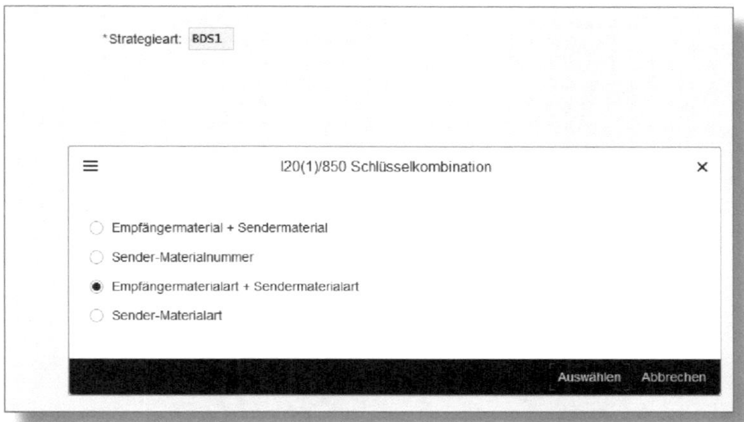

Abbildung 4.29: Suchstrategie für Sendercharge anlegen

Geben Sie im nächsten Bild die Materialarten der Empfänger und der Sender ein (siehe Abbildung 4.30).

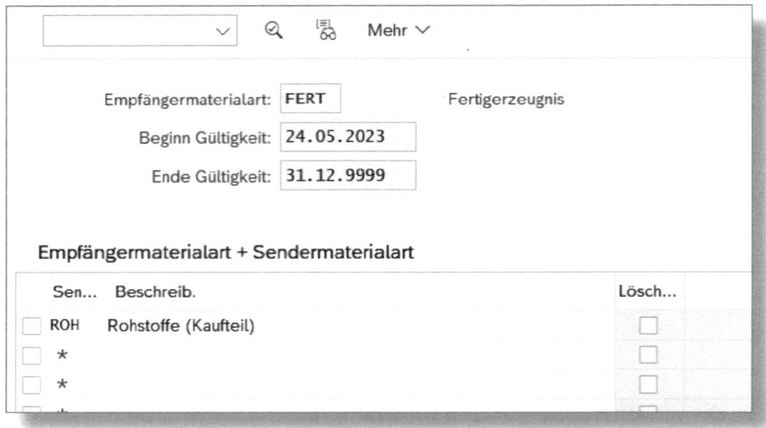

Abbildung 4.30: Suchstrategie Empfänger-/Sendermaterialart

Führen Sie einen Doppelklick auf die Sendermaterialart aus, um in das Detailbild zu kommen.

Abbildung 4.31: Detaileinstellung zur Sendermaterialart

Hier geben Sie die ATTRIBUTE (Chargenfelder und/oder Merkmale) ein, die bei einer Ableitung übertragen werden sollen (siehe Abbildung 4.31), in unserem Fall das Verfallsdatum *VFDAT* und die Breite *C_BREITE*.

Weitere Details sind im Senderkonditionssatz nicht zu pflegen. Klicken Sie auf Sichern – der Konditionssatz ist jetzt angelegt.

Durchführung der Ableitung

Haben Sie die notwendigen Arbeiten fertiggestellt, ist das System bereit, Klassifizierungswerte einer Charge abzuleiten. Das passiert zum voreingestellten Ableitungszeitpunkt.

Sie können eine Chargenableitung auch manuell über die Transaktion *DVMAN* durchführen. In unserem Beispiel möchte ich das MHD und den Verwendungsentscheid des Materials *RM122* mit der Charge *74* übertragen (siehe Abbildung 4.32).

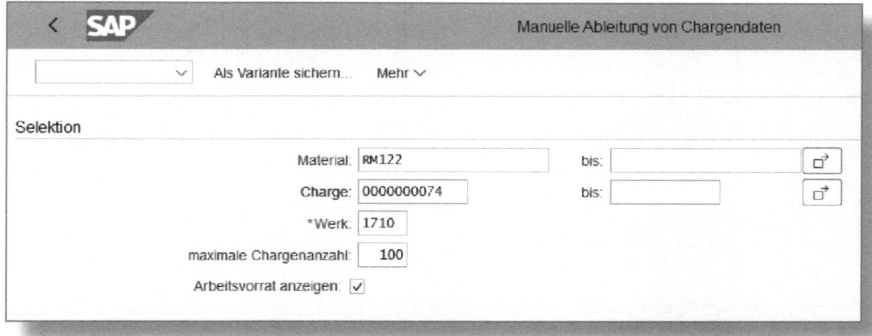

Abbildung 4.32: Manuelle Chargenableitung

Im nächsten Bild werden Ihnen die Chargen angezeigt, für die Sie eine Ableitung durchführen möchten (siehe Abbildung 4.33).

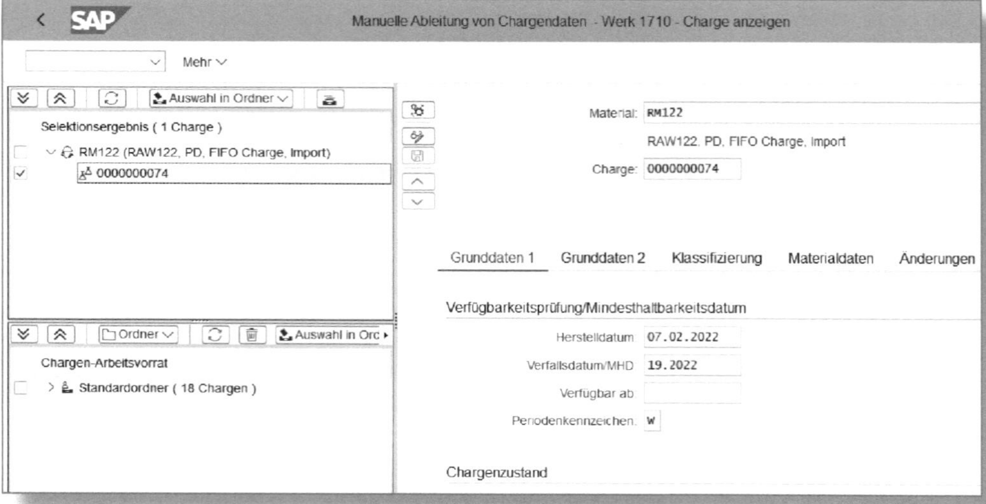

Abbildung 4.33: Selektionsergebnis der manuellen Ableitung

Führen Sie nun die Ableitung mit einem Klick auf den Push-Button durch. Das System meldet Ihnen, ob die Ableitung erfolgreich war (siehe Abbildung 4.34). Im negativen Fall werden Ihnen hier, je nach Einstellung im Konditionssatz, Fehler- oder Informationsmeldungen angezeigt.

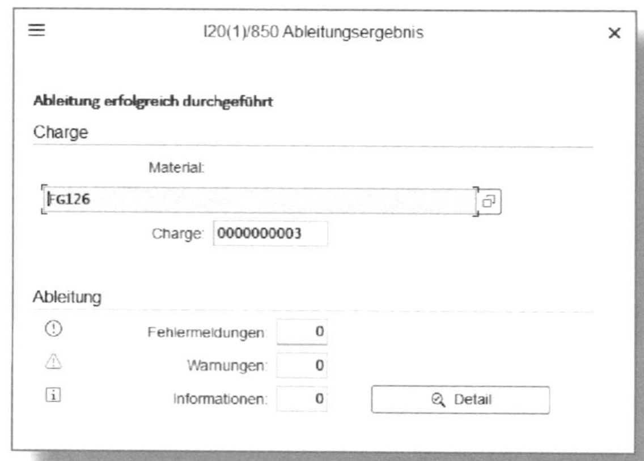

Abbildung 4.34: Ableitungsergebnis

Wurde die Ableitung erfolgreich durchgeführt, sind die abgeleiteten Werte von der Sender- auf die Empfängercharge übertragen (siehe Abbildung 4.35 und Abbildung 4.36).

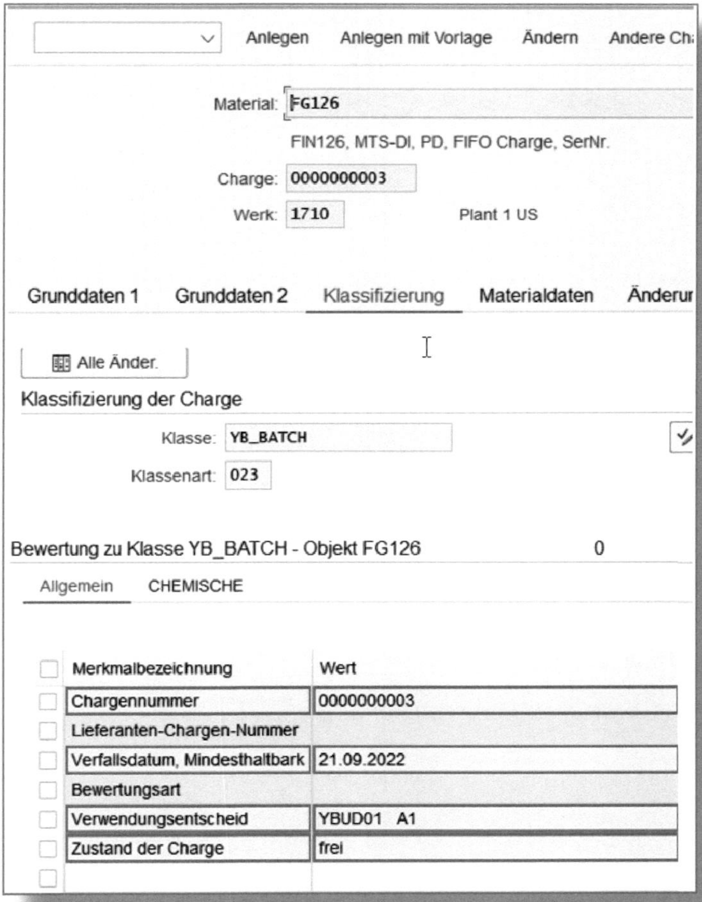

Abbildung 4.35: Werte der Sendercharge

Material: RM122

RAW122, PD, FIFO Charge, Import

Charge: 0000000074

Werk: 1710 Plant 1 US

Grunddaten 1 Grunddaten 2 Klassifizierung Materialdaten Änderu

Alle Änder.

Klassifizierung der Charge

Klasse: YB_BATCH

Klassenart: 023

Bewertung zu Klasse YB_BATCH - Objekt RM122 0

Allgemein CHEMISCHE

Merkmalbezeichnung	Wert
Chargennummer	0000000074
Lieferanten-Chargen-Nummer	
Verfallsdatum, Mindesthaltbark	21.09.2022
Bewertungsart	
Verwendungsentscheid	YBUD01 A1
Zustand der Charge	frei

Abbildung 4.36: Werte der Empfängercharge

5 Weitere Funktionen der Chargenverwaltung

In diesem Kapitel stelle ich Ihnen weitere Chargenkonzepte vor, wie die Dokumentationscharge, die Ihnen die Rückverfolgbarkeit von Chargen garantiert, allerdings ohne dass der normalerweise damit verbundene Buchungsaufwand entsteht. Sie lernen mit der Ursprungscharge eine Funktion kennen, mit der Sie die Eigenschaften dieser Charge automatisch auf alle Rohstoff- und produzierten Chargen übertragen können. Mit WIP-Chargen, die temporär während eines Produktionsauftrags entstehen, überwachen Sie detailliert den Fortschritt einzelner Produktionsschritte.

5.1 Dokumentationschargen

Eine Dokumentationscharge ist eine Charge, die keinen Bestand verwaltet. Sie gewährleistet lediglich die Rückverfolgbarkeit eines Produkts.

Die Möglichkeit, eine Dokumentationscharge anzulegen, muss vorab im Customizing pro Materialart eingestellt werden (siehe Abbildung 5.1).

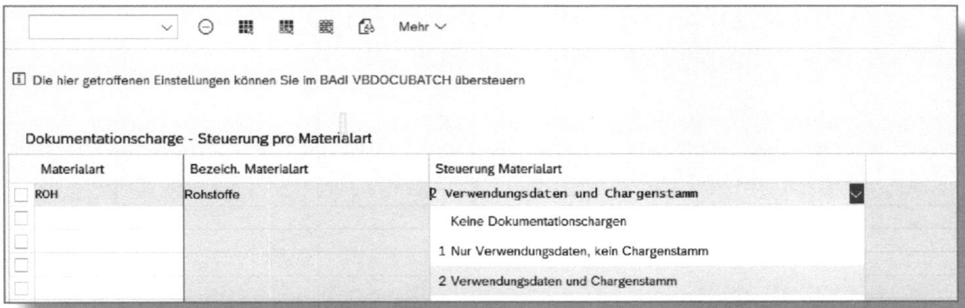

Abbildung 5.1: Customizing-Einstellung Dokumentationscharge

Darüber hinaus legen Sie pro Prozessschritt fest, ob Dokumentationschargen möglich/obligatorisch sind oder nicht und wie viele Chargen angelegt werden sollen. Diese Anzahl ist im Prozess nicht bindend, es können mehr oder auch weniger Chargen sein (siehe Abbildung 5.2).

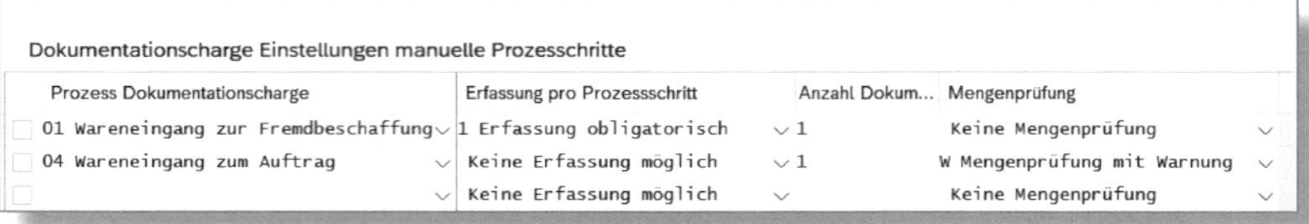
Dokumentationscharge Einstellungen manuelle Prozesschritte

Prozess Dokumentationscharge	Erfassung pro Prozessschritt	Anzahl Dokum...	Mengenprüfung
01 Wareneingang zur Fremdbeschaffung	1 Erfassung obligatorisch	1	Keine Mengenprüfung
04 Wareneingang zum Auftrag	Keine Erfassung möglich	1	W Mengenprüfung mit Warnung
	Keine Erfassung möglich		Keine Mengenprüfung

Abbildung 5.2: Dokumentationscharge – Einstellung per manuellem Prozessschritt

! Dokumentationscharge und Chargenpflicht

Entscheiden Sie sich bei einer bestimmten Materialart für die Dokumentationscharge, darf im Materialstamm das Kennzeichen für Chargenpflicht nicht gesetzt sein. Dies würde die Customizing-Einstellungen zur Dokumentationscharge überschreiben. Das Material würde dann regulär chargenpflichtig.

Wareneingang mit Dokumentationschargen

Buchen Sie jetzt über die Transaktion *MIGO* einen Wareneingang einer Materialart, für die Sie im Customizing Dokumentationschargen eingestellt haben, bekommen Sie in der Übersicht CHARGE die Dokumentationschargen angezeigt (siehe Abbildung 5.3).

Das System hat im Hintergrund die beiden Dokumentationschargen DOK_0001 und DOK_0002 angelegt (siehe Abbildung 5.4), der eingebuchte Bestand ist allerdings ohne Chargenzuordnung (siehe Abbildung 5.5).

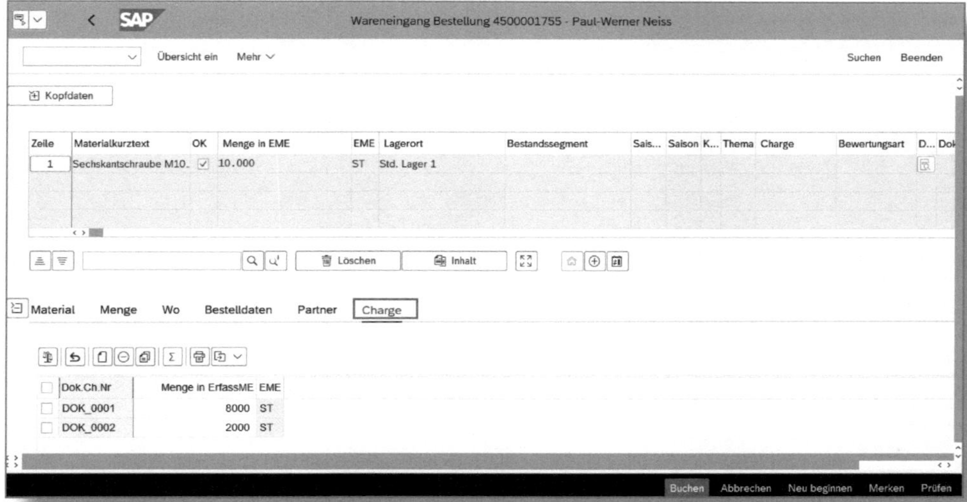

Abbildung 5.3: Wareneingang mit Dokumentationscharge

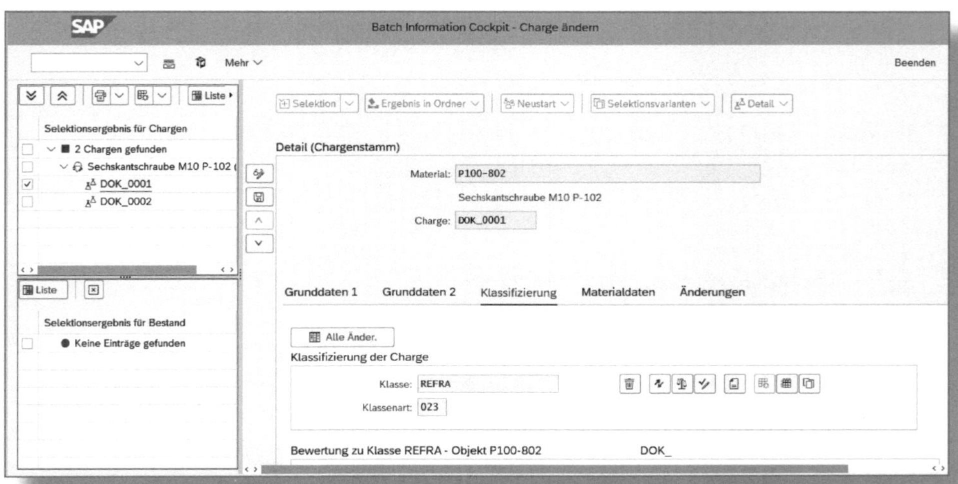

Abbildung 5.4: Angelegte Dokumentationschargen

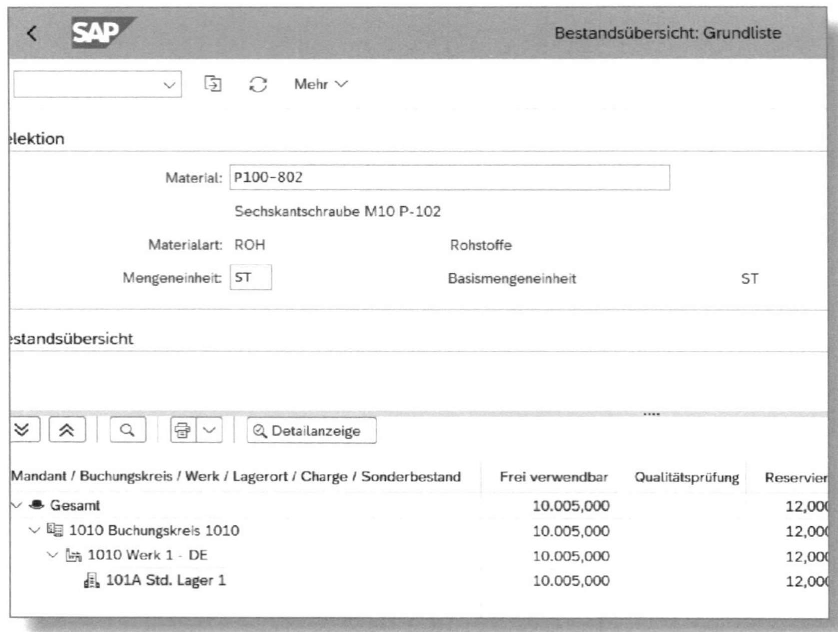

Abbildung 5.5: Lagerbestand

Dokumentationschargen können allerdings genau wie reguläre Chargen behandelt, also z. B. klassifiziert, werden.

5.2 Ursprungschargen

Die Ursprungschargen wurden zunächst für die Branchenlösung Industrial Solution Mill Products (IS-MP) entwickelt. Diese Branchenlösung ist gedacht für den Einsatz in der Metall-, Holz- und Papierindustrie.

Eine Besonderheit der Ursprungschargen ist, dass sie zu einer Bestellt- oder Produktionsposition angelegt werden können – selbst dann, wenn das Material nicht bestandsgeführt ist.

Bei einer Ursprungscharge halten Sie in den Chargenmerkmalen die ursprünglichen Eigenschaften eines Materials fest. Diese Eigenschaften bleiben in der gesamten Kette, vom Wareneingang über die Produktion bis zum Verkauf des Fertigprodukts, immer gleich. Daraus kann man erkennen, warum diese Ursprungschargen für die oben genannten Industrien entwickelt wurden. Bestimmte Eigenschaften des Werkstoffs Stahl bleiben über den gesamten Produktionsverlauf unverändert. Daher ist es durchaus sinnvoll, diese Eigenschaften in der ursprünglichen Charge festzuhalten. Diese Merkmale können auch in ein Qualitätszeugnis übernommen werden.

Eine Ursprungscharge ist eine normale Charge, die Sie manuell über die Transaktion *MSC1N* oder die Fiori-App »Charge anlegen« erstellen. Erst wenn Sie diese Charge einer Bestellung oder einem Produktionsauftrag zuordnen, wird daraus eine Ursprungscharge.

Ursprungschargen

Ursprungschargen können Sie zu Bestellungen, zu Produktions- und Fertigungsaufträgen anlegen. Durch die Chargenableitung (siehe Abschnitt 4.3) übertragen Sie die Merkmalsergebnisse an bestandsrelevante Chargen.

Nachdem Sie im Customizing die Funktion »Ursprungscharge« aktiviert haben, lässt sich im Materialstamm die Ursprungscharge nutzen. In den Sichten »Einkauf«, »Werksdaten/Lagerung 1« oder »Arbeitsvorbereitung« des Materialstamms werden jetzt die Felder UC-FÜHRUNG und UC-REF.MATERIAL eingeblendet (siehe Abbildung 5.6).

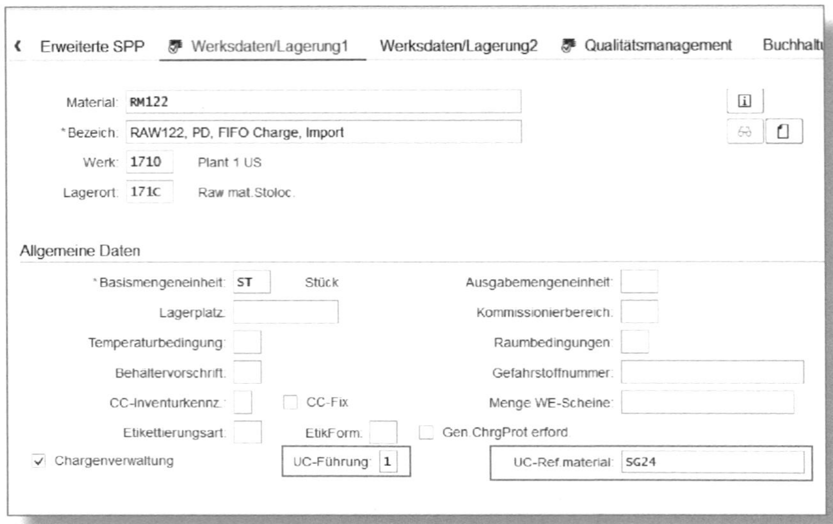

Abbildung 5.6: Zusatzfelder zur Ursprungscharge

Sobald Sie das Feld UC-FÜHRUNG aktivieren, ist automatisch die CHARGENVERWALTUNG aktiv. Das passiert, wenn Sie in das Feld eine *1* eingeben. Diese Einstellung kann nicht mehr rückgängig gemacht werden.

Sofern Sie für die Ursprungscharge ein Referenzmaterial (also ein Material, zu dem die Ursprungscharge angelegt wird) verwenden möchten, tragen Sie dies in das Feld UC-REF.MATERIAL ein. Wenn Sie jetzt zum Material *RM122* eine Ursprungscharge anlegen, wird diese automatisch auch zum angegebenen Referenzmaterial angelegt.

Geben Sie kein Referenzmaterial ein, legt SAP eine Ursprungscharge zum Material des Produktionsauftrags bzw. aus der Bestellposition an.

In der Regel sind Ursprungschargen unbewertete Chargen, die z. B. einen kompletten Satz von Analyseergebnissen als Chargenmerkmale enthalten. Die *Bestandschargen* (also die Chargen, die als Wareneingang ans Lager gebucht werden) können dann eine reduzierte Anzahl von Merkmalen enthalten. Die Merkmalswerte der Ursprungscharge können auf die Bestandschargen übertragen werden. Zu diesem Zweck verwenden Sie die gleiche Chargenklasse für beide Materialien.

5.2.1 Einsatz von Ursprungschargen

Sie können durch den Einsatz von Ursprungschargen deren Eigenschaften an weitere Chargen der Wertschöpfungskette weitergeben. Beispielsweise können Sie die Eigenschaften einer Lieferantencharge in einer Ursprungscharge pflegen.

Ursprungscharge

In der Schraubenfertigung wird als Rohstoff Stahl geliefert. Dieser hat für eine Schraubenart immer den gleichen Anteil an Chrom, Vanadium, Mangan und Nickel. Der Anteil dieser Elemente verändert sich bei unterschiedlichen Lieferungen nicht. In einer Ursprungscharge werden die Anteile dieser Elemente eingetragen. Diese Werte gelten für alle Schrauben, die aus diesem Stahlband hergestellt werden.

Beim Wareneingang werden diese Werte der Ursprungscharge in die bestandsgeführte Charge des Wareneingangs übertragen. Bei der Erstellung eines Produktionsauftrags werden diese über die Chargenfindung (siehe Kapitel 3) automatisch in die Charge der Fertigware übernommen.

5.3 WIP-Chargen

Eine WIP-Charge (WIP = Work in Progress) ist eine temporäre Charge, die zu einem Produktionsprozess angelegt werden kann – ganz gleich, ob Sie PP oder PP-PI im Einsatz haben. Mithilfe einer solchen WIP-Charge dokumentieren Sie die Eigenschaften eines Materials zwischen den Arbeitsschritten eines Produktions- oder Prozessauftrags. Sie können damit die exakten Materialflüsse innerhalb dieser Arbeitsschritte abbilden, während Sie in der regulären Chargenabwicklung nur eine Rückverfolgbarkeit der Komponenten und Fertigerzeugnisse erreichen.

Eine WIP-Charge kann nur während der Rückmeldung zu einem Vorgang (PP) oder der Phase (PP-PI) angelegt werden. Das System setzt dann automatisch für diese Charge im Chargenstamm das Kennzeichen für WIP-Chargen. Letztere können bestandsmäßig geführt und auch bewertet werden.

Integration von WIP-Chargen mit dem Qualitätsmanagement

Für WIP-Chargen kann eine Qualitätsprüfung durchgeführt werden. Dazu ist ein Prüflos der Herkunft 05 (sonstiger Wareneingang) notwendig. Auch an WIP-Chargen können Prüfergebnisse übergeben werden.

5.3.1 Ablauf der WIP-Chargenabwicklung

Wie erwähnt, können Sie WIP-Chargen nur während der Rückmeldung zu einem Vorgang oder einer Phase anlegen. Sofern Sie die Stammdaten korrekt gepflegt haben, lässt sich dann jeder Komponente im Bereich WARENAUSGÄNGE eine CHARGE zuordnen (Abbildung 5.7). Diese suchen Sie entweder direkt über die F4-Suchhilfe zur Charge oder über den Button (Bestandschargenfindung). Wenn Sie diesen Button nutzen möchten, müssen Sie vorher eine Chargenfindungsregel angelegt haben.

Erfassen Sie die MENGE der Komponente und legen Sie dazu eine WIP-Charge an, indem Sie auf WIP-Charge klicken.

In dem darauffolgenden Pop-up (siehe Abbildung 5.8) geben Sie eine frei wählbare Bezeichnung der WIP-Charge ein oder lassen ihr – je nach Ihren Systemeinstellungen – eine automatische Nummer zuordnen.

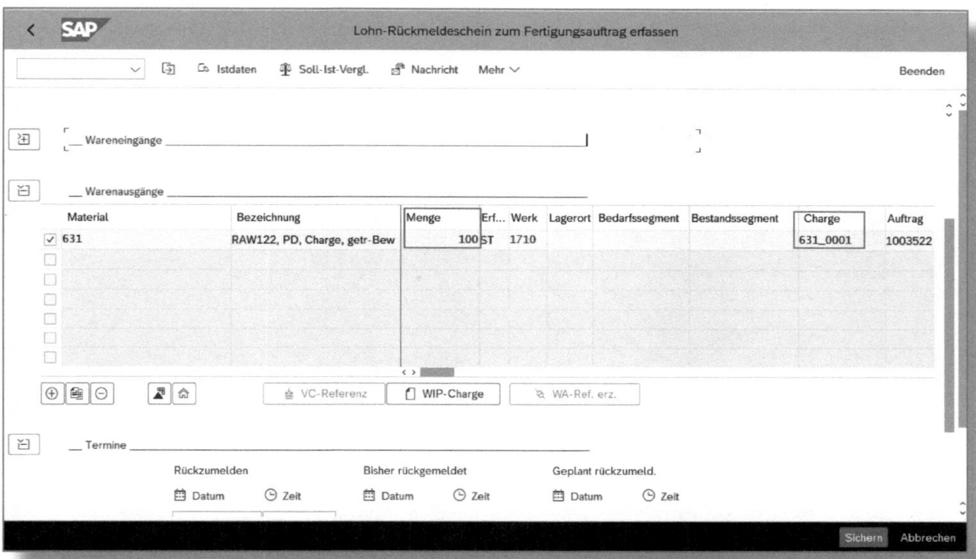

Abbildung 5.7: Rückmeldung zum Produktionsauftrag

Abbildung 5.8: WIP-Charge anlegen

Da die WIP-Charge mit Referenz zur Komponente angelegt wurde, werden die Klassifizierungswerte aus der Komponentencharge übernommen (siehe Abbildung 5.9). Die Klassifizierung können Sie allerdings noch ergänzen.

Objekt

Material: 631 RAW122, PD, Charge, getr-Bew

Charge: WIP_01

Klassenart: 023 Charge:

Bewertung zu Klasse YB_BATCH - Objekt 631 W

Allgemein CHEMISCHE

Merkmalbezeichnung	Wert
Chargennummer	WIP_01
Lieferanten-Chargen-Nummer	
Verfallsdatum, Mindesthaltbark	14.11.2022
Bewertungsart	
Verwendungsentscheid	
Zustand der Charge	frei

Merkmalsbewertung der Charge WIP_01 erfolgt mit Bezug zur Charge 631_0001 Details anzeigen

Abbildung 5.9: WIP-Charge – Klassifizierung

Die soeben erzeugte WIP-Charge wird im Bereich WIP-CHARGEN der Rückmeldung angezeigt (siehe Abbildung 5.10).

Abbildung 5.10: WIP-Charge in der Rückmeldung

Die WIP-Charge wird automatisch im Chargenstammsatz im Feld CHARGENART als ebensolche gekennzeichnet (siehe Abbildung 5.11).

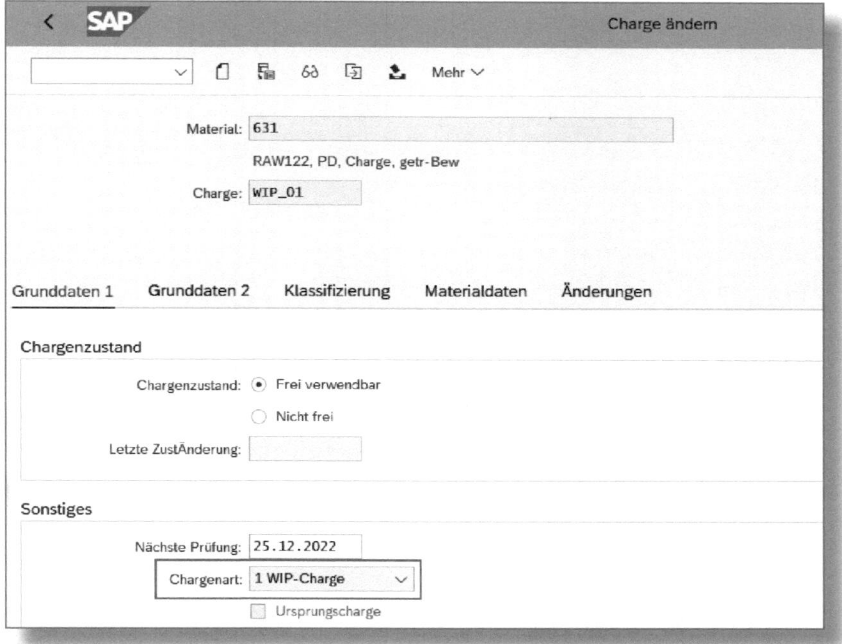

Abbildung 5.11: Chargenstammsatz der WIP-Charge

5.3.2 Verwendungsnachweis der WIP-Charge

Sie können sich aus der Rückmeldung den Verwendungsnachweis der WIP-Charge(n) anzeigen lassen. Dazu klicken Sie im Bereich WIP-CHARGEN auf den Push-Button 品 (siehe Abbildung 5.12).

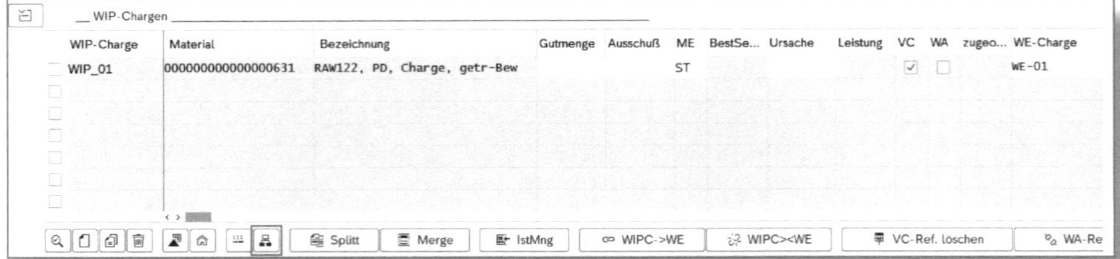

Abbildung 5.12: WIP-Chargen in der Rückmeldung

Das System zeigt Ihnen nun die Verwendung der WIP-Charge innerhalb des Produktionsauftrags an (siehe Abbildung 5.13).

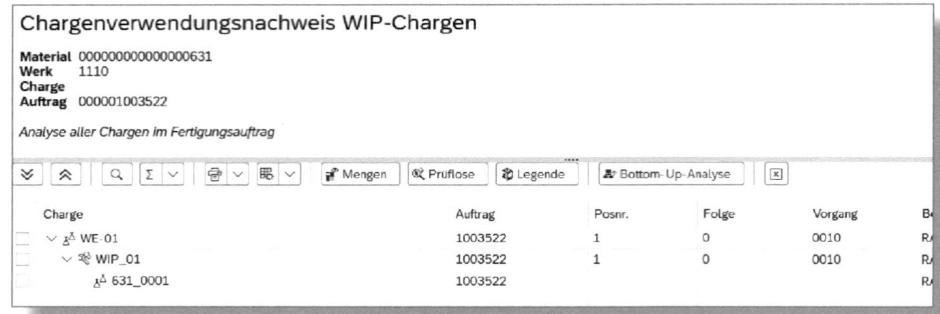

Abbildung 5.13: Chargenverwendungsnachweis WIP-Charge

Über den Menüpfad UMFELD • WIP-CHARGE • VERWENDUNG ANZEIGEN (siehe Abbildung 5.14) können Sie dieselben Informationen auch direkt aus dem Fertigungsauftrag heraus einsehen.

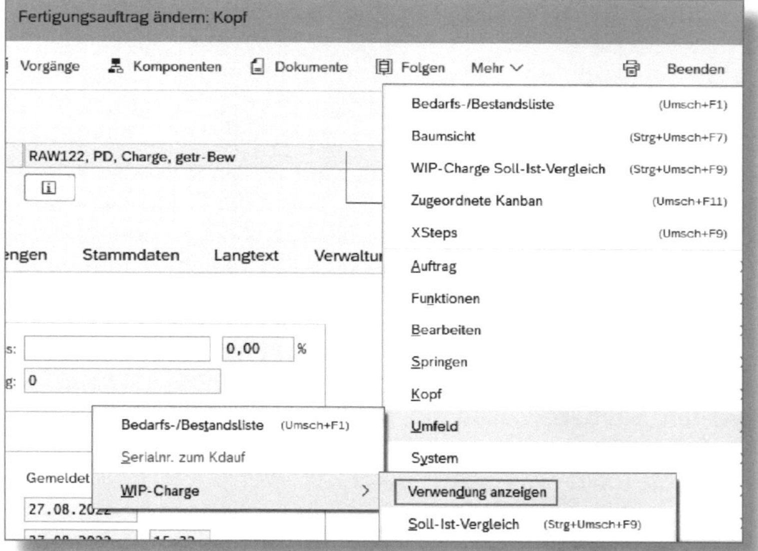

Abbildung 5.14: WIP-Chargenverwendung aus dem Fertigungsauftrag

Die Auswertung ist die gleiche wie in Abbildung 5.13.

5.4 Reporting

Sie können SAP-Chargen und die dazugehörigen Daten recht vielfältig analysieren. So lassen sich z. B. die Mindesthaltbarkeit von Chargen, Warenbewegungen oder Qualitätsprüfungen auswerten. Grundlage des Reportings ist der Chargenverwendungsnachweis, der alle Chargenbewegungen basierend auf Materialbelegen dokumentiert. Hierbei werden Belege aus der Produktion oder dem Qualitätsmanagement mit verarbeitet.

5.4.1 Chargenverwendungsnachweis

Der Chargenverwendungsnachweis ermöglicht eine lückenlose Rückverfolgung einer Charge: vom Wareneingang über die Qualitätskontrolle zur Produktion und zum Versand. Voraussetzung hierfür ist die Aktivierung dieser Funktion im Customizing. Zudem muss die Verbuchung der Warenbewegungen synchron erfolgen, damit die Chargenableitung korrekt funktioniert. Synchron bedeutet hier, dass alle Buchungen und Updates, die im Hintergrund automatisch laufen, gleichzeitig durchgeführt werden.

Damit der Nachweis der Chargenverwendung lückenlos ist, müssen alle relevanten Materialien chargenpflichtig sein und als Charge gebucht werden. Sie haben dann die Möglichkeit, eine Bottom-up-Analyse, also von der Rohstoffcharge bis zur Warenausgangcharge, oder umgekehrt eine Top-down-Analyse durchzuführen.

Der Chargenverwendungsnachweis liest die gebuchten Materialbelege, deshalb werden auch Storno- oder Umbuchungsbelege (Charge an Charge oder Material an Material) berücksichtigt und angezeigt.

Sie können den Chargenverwendungsnachweis über die Fiori-App »Chargenverwendung anzeigen« starten (siehe Abbildung 5.15).

Abbildung 5.15: Fiori-App für den Chargenverwendungsnachweis

Ebenso kommen Sie in SAP GUI über die Transaktion *MB56* in den Chargenverwendungsnachweis.

Hier geben Sie mindestens die MATERIALNUMMER, das WERK und die Bezeichnung der CHARGE ein (siehe Abbildung 5.16). Sie können die Ergebnisse des Chargenverwendungsnachweises über weitere Einstellungen differenzieren (siehe Abbildung 5.16 und Abbildung 5.17).

Abbildung 5.16: Einstieg Chargenverwendungsnachweis – oberer Bildschirmausschnitt

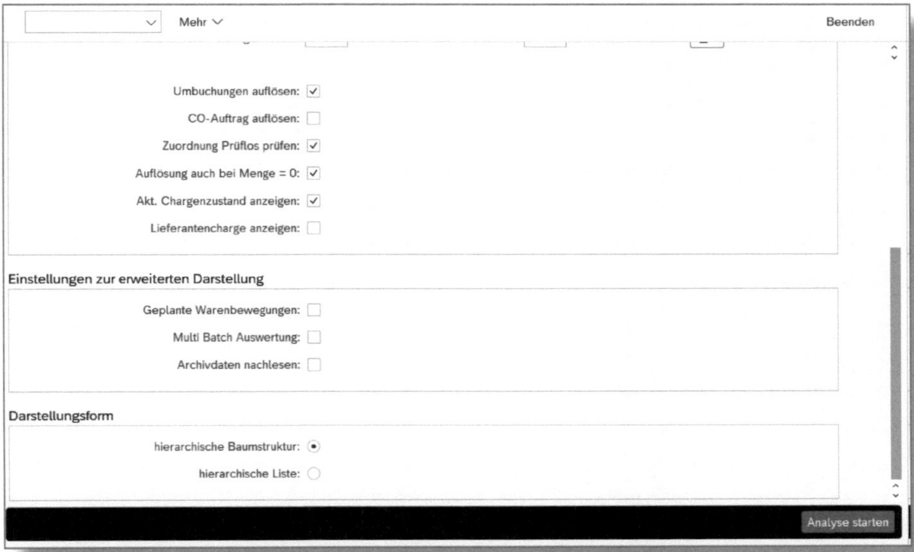

Abbildung 5.17: Einstieg Chargenverwendungsnachweis – unterer Bildschirmausschnitt

Legen Sie als Erstes fest, ob Sie eine TOP-DOWN-ANALYSE oder eine BOTTOM-UP-ANALYSE durchführen möchten. Diese Einstellung lässt sich nach der Ausführung im Chargenverwendungsnachweis ändern.

Im Bereich ART DER AUFLÖSUNG geben Sie an, welche AUFLÖSUNGSTIEFE Sie angezeigt bekommen möchten. Das ist die Anzahl der Ebenen, über die nach Chargen gesucht werden soll. Lassen Sie das Feld leer, gilt die maximale Tiefe (90 Ebenen). Ebenso können Sie die Suche auf ZULÄSSIGE WERKE beschränken.

Darunter legen Sie fest, was noch angezeigt werden soll, z. B. Umbuchungen, Zuordnung eines Prüfloses oder der aktuelle Zustand der Charge.

Der Chargenverwendungsnachweis berücksichtigt geplante Warenbewegungen, z. B. aus einer Ableitung, wenn Sie das Feld GEPLANTE WARENBEWEGUNGEN markieren.

Für die MULTI-BATCH-AUSWERTUNG müssen Sie entweder eine Serienfertigung oder eine Lohnbearbeitungsbestellung einsetzen. In regulären Produktionsaufträgen ist dieses Kennzeichen belanglos.

Als Letztes können Sie noch die Form der Ausgabe festlegen. Als Standard ist die HIERARCHISCHE BAUMSTRUKTUR voreingestellt. Diese Darstellung, die auch ich verwende, gibt nach meiner Einschätzung den besseren Überblick.

Haben Sie alle Eingaben getätigt, klicken Sie auf den Push-Button Analyse starten.

Sie sehen mit den gewählten Einstellungen den CHARGENVERWENDUNGSNACHWEIS (siehe Abbildung 5.18).

In dieser Sicht wird Ihnen, ausgehend von der Charge des Fertigprodukts (0000000058), der Produktionsauftrag (2000060) mit den verarbeiteten CHARGEN der bestellten Rohstoffe angezeigt.

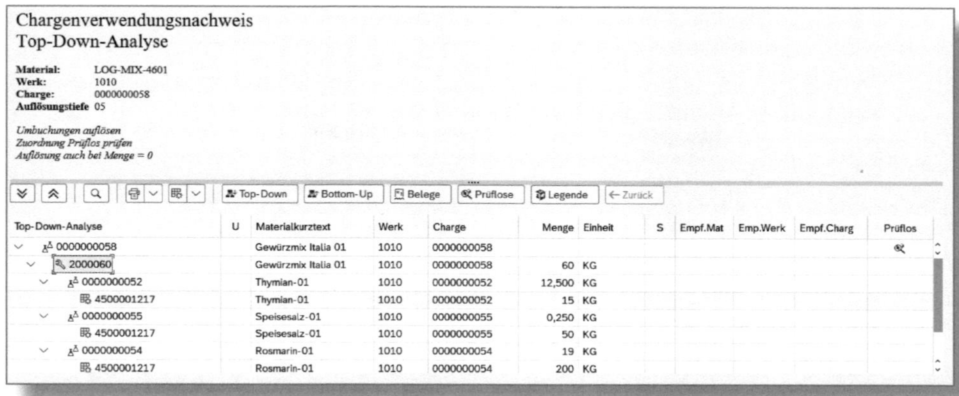

Top-Down-Analyse	U	Materialkurztext	Werk	Charge	Menge	Einheit	S	Empf.Mat	Emp.Werk	Empf.Charg	Prüflos
0000000058		Gewürzmix Italia 01	1010	0000000058							
2000060		Gewürzmix Italia 01	1010	0000000058	60	KG					
0000000052		Thymian-01	1010	0000000052	12,500	KG					
4500001217		Thymian-01	1010	0000000052	15	KG					
0000000055		Speisesalz-01	1010	0000000055	0,250	KG					
4500001217		Speisesalz-01	1010	0000000055	50	KG					
0000000054		Rosmarin-01	1010	0000000054	19	KG					
4500001217		Rosmarin-01	1010	0000000054	200	KG					

Abbildung 5.18: Chargenverwendungsnachweis

Was sich hinter den verschiedenen Icons versteckt, sehen Sie in der Legende (siehe Abbildung 5.19), die Sie über den Push-Button Legende erreichen.

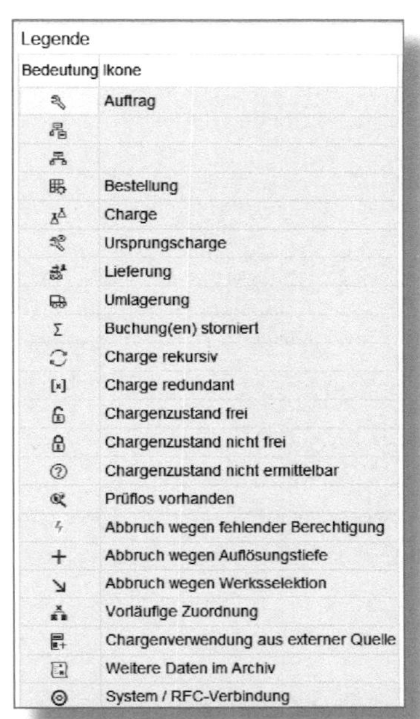

Legende

Bedeutung	Ikone
	Auftrag
	Bestellung
	Charge
	Ursprungscharge
	Lieferung
	Umlagerung
Σ	Buchung(en) storniert
	Charge rekursiv
[×]	Charge redundant
	Chargenzustand frei
	Chargenzustand nicht frei
	Chargenzustand nicht ermittelbar
	Prüflos vorhanden
	Abbruch wegen fehlender Berechtigung
+	Abbruch wegen Auflösungstiefe
	Abbruch wegen Werksselektion
	Vorläufige Zuordnung
	Chargenverwendung aus externer Quelle
	Weitere Daten im Archiv
	System / RFC-Verbindung

Abbildung 5.19: Legende zum Chargenverwendungsnachweis

Sie sehen in Abbildung 5.18 die Top-down-Analyse. Für eine Bottom-up-Sicht markieren Sie die jeweilige Charge und klicken auf den Push-Button Bottom-Up (siehe Abbildung 5.20). Das System wechselt in die Ansicht, die in Abbildung 5.21 dargestellt ist.

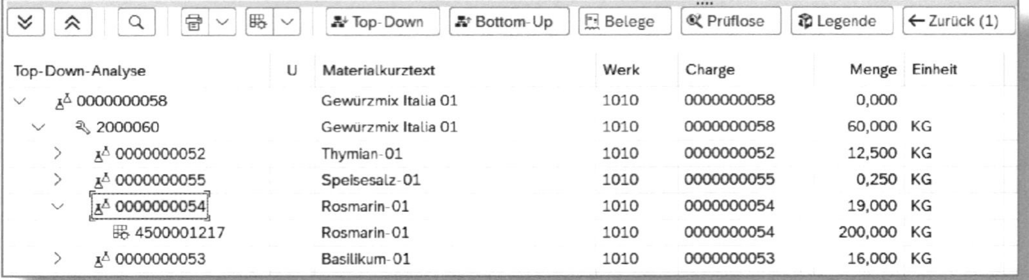

Top-Down-Analyse	U	Materialkurztext	Werk	Charge	Menge	Einheit
0000000058		Gewürzmix Italia 01	1010	0000000058	0,000	
2000060		Gewürzmix Italia 01	1010	0000000058	60,000	KG
0000000052		Thymian-01	1010	0000000052	12,500	KG
0000000055		Speisesalz-01	1010	0000000055	0,250	KG
0000000054		Rosmarin-01	1010	0000000054	19,000	KG
4500001217		Rosmarin-01	1010	0000000054	200,000	KG
0000000053		Basilikum-01	1010	0000000053	16,000	KG

Abbildung 5.20: Top-down – Charge 0000000054 markiert

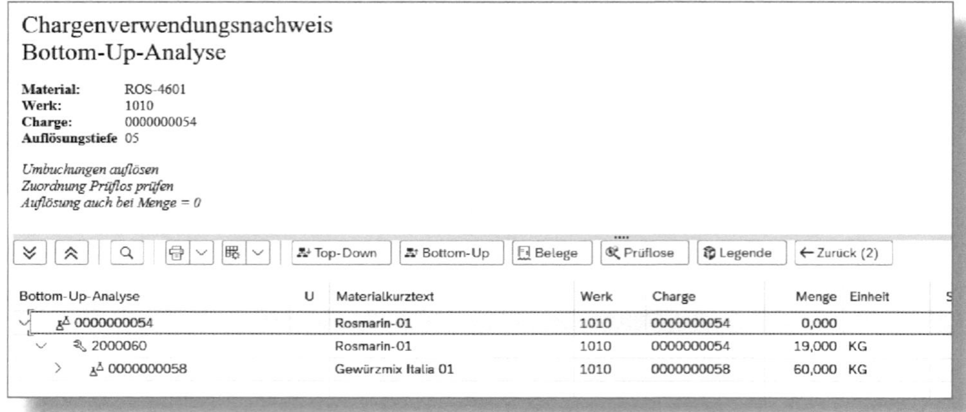

Bottom-Up-Analyse	U	Materialkurztext	Werk	Charge	Menge	Einheit
0000000054		Rosmarin-01	1010	0000000054	0,000	
2000060		Rosmarin-01	1010	0000000054	19,000	KG
0000000058		Gewürzmix Italia 01	1010	0000000058	60,000	KG

Abbildung 5.21: Bottom-up – Charge 0000000054 markiert

Sie können sich alle Warenbewegungen anzeigen lassen, indem Sie einen Eintrag markieren und dann auf den Button Belege klicken (siehe Abbildung 5.22 und Abbildung 5.23).

SE1(2)/400 Materialbelege zu Material LOG-MIX-4601, Werk 1010 und Charge 00000000

MatBeleg	Pos.	Buch.dat.	BwA	Menge	BME	Typ	Lieferung	Pos	Mng in PME	PME	ZAuftrag
4900002048	1	29.11.2021	101	50	KG	10					
4900002049	1	29.11.2021	601	50	KG		800011...	10			
5000001390	1	15.06.2022	101	10	KG	10					

Abbildung 5.22: Materialbelege zu Material, Werk und Charge

MatBeleg	Pos.	Buch.dat.	BwA	Menge	BME	Typ	Lieferung	Pos	Mng
4900002045	1	29.11.2021	261	12,500	KG	10			
4900002045	2	29.11.2021	261	16	KG	10			
4900002045	3	29.11.2021	261	19	KG	10			
4900002045	4	29.11.2021	261	0,250	KG	10			
4900002046	1	29.11.2021	262	12,500-	KG	10			
4900002046	2	29.11.2021	262	16-	KG	10			
4900002046	3	29.11.2021	262	19-	KG	10			
4900002046	4	29.11.2021	262	0,250-	KG	10			
4900002047	1	29.11.2021	261	12,500	KG	10			
4900002047	2	29.11.2021	261	16	KG	10			
4900002047	3	29.11.2021	261	19	KG	10			
4900002047	4	29.11.2021	261	0,250	KG	10			
4900002048	1	29.11.2021	101	50	KG	10			
5000001390	1	15.06.2022	101	10	KG	10			

Abbildung 5.23: Materialbelege zum Auftrag

Mit dem Button Prüflose können Sie sich das Prüflos anzeigen lassen, das zur Charge angelegt wurde (siehe Abbildung 5.24 und Abbildung 5.25).

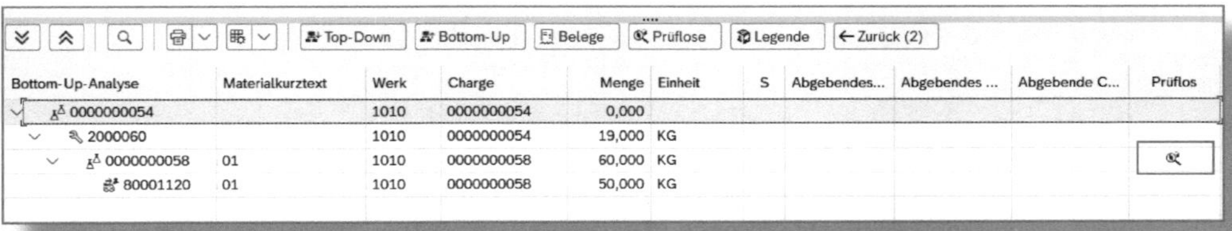

Top-Down | Bottom-Up | Belege | Prüflose | Legende | Zurück (2)

Bottom-Up-Analyse	Materialkurztext	Werk	Charge	Menge	Einheit	S	Abgebendes...	Abgebendes ...	Abgebende C...	Prüflos
0000000054		1010	0000000054	0,000						
2000060		1010	0000000054	19,000	KG					
0000000058	01	1010	0000000058	60,000	KG					
80001120	01	1010	0000000058	50,000	KG					

Abbildung 5.24: Charge mit zugeordnetem Prüflos

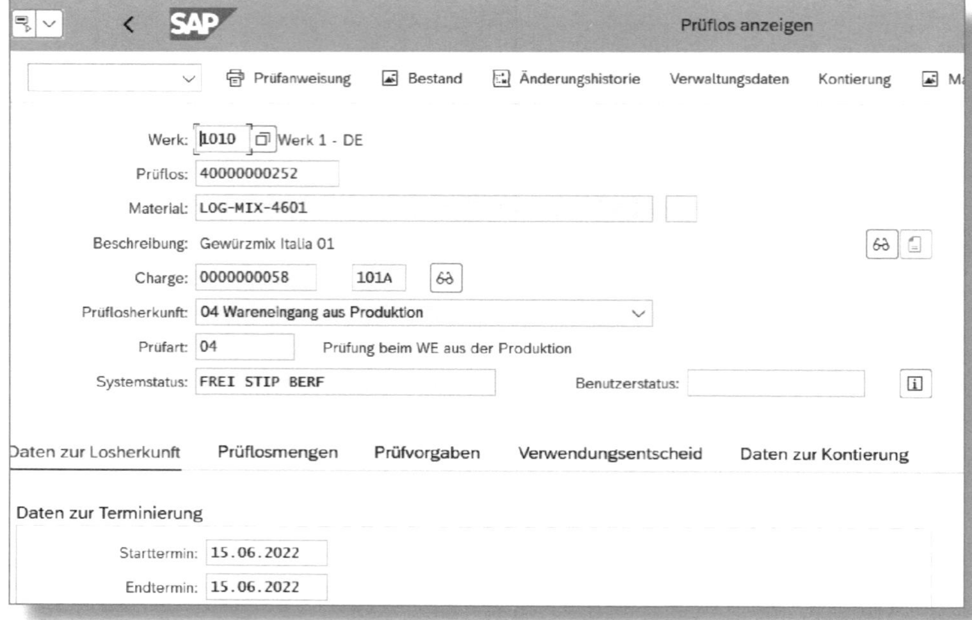

Abbildung 5.25: Prüflos zur Charge

5.4.2 Chargenbestand mit Mindesthaltbarkeit

Diese Funktion ist eine der wichtigsten in der Lebensmittel-, Chemie- oder Pharmaindustrie. Um festzustellen, ob und wie lange eine Charge noch eingesetzt werden kann, ist das MHD eine entscheidende Größe. Für dieses Datum gibt es je nach Branche weitere Bezeichnungen wie »Verfallsdatum«, »Abverkaufsfrist« oder »Zu verbrauchen bis«.

Im SAP-System haben Sie die Möglichkeit, die Mindesthaltbarkeit im Materialstamm abzubilden und die Charge über einen Hintergrundjob rechtzeitig vor Erreichen dieses Datums zu sperren oder einer Wiederholprüfung zu unterziehen. Näheres dazu erkläre ich in Abschnitt 6.2.

Die Mindesthaltbarkeit ist eine Funktion der Lagerverwaltung und in die Chargenverwaltung integriert. Sie können das MHD auch für nicht chargenpflichtige Materialien pflegen und prüfen, allerdings dann ohne jeden Bezug zu den Teilmengen des entsprechenden Materials. Daher ist die MHD-Prüfung erst wirklich sinnvoll, wenn Sie mit Chargen arbeiten und das Produktionsdatum bzw. das MHD im Materialstamm hinterlegen. Die Daten dazu habe ich in Abschnitt 2.1.3 bereits erklärt.

Um die notwendigen Daten zur Mindesthaltbarkeit eingeben zu können, sind ein paar Customizing-Einstellungen sehr wichtig, auf die ich kurz eingehen möchte.

Die Prüfung der Mindesthaltbarkeit muss im Customizing pro Werk aktiviert sein. Hierhin kommen Sie über den Pfad LOGISTIK ALLGEMEIN • CHARGENVERWALTUNG • MINDESTHALTBARKEITSDATUM (MHD) • MINDESTHALTBARKEITSPRÜFUNG EINSTELLEN.

Es öffnet sich das Fenster für die werksabhängige Aktivierung (siehe Abbildung 5.26).

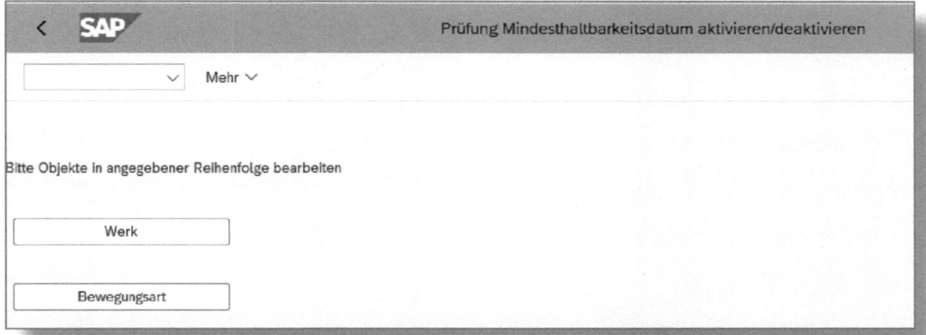

Abbildung 5.26: Prüfung des Mindesthaltbarkeitsdatums aktivieren

Klicken Sie auf den Button Werk und aktivieren Sie die gewünschten Werke (siehe Abbildung 5.27).

Sicht "View MHD aktivieren pro Werk Bewegungsart" ändern: Übersicht

Werk	Name 1	MHD/Herst.
1010	Werk 1 - DE	✓
1012	Werk Berlin	✓
1110	Plant 1 GB	✓
1210	Plant 1 FR	✓
1310	Plant 1 CN	✓
1510	Plant 1 JP	✓

Abbildung 5.27: MHD pro Werk aktivieren

Wenn Sie die Einstellungen gesichert haben, gehen Sie wieder zurück in den Ausgangsbildschirm (siehe Abbildung 5.26) und nutzen jetzt den Button Bewegungsart .

Es öffnet sich ein Fenster, in dem Sie die Steuerung der Prüfung zur Mindesthaltbarkeit pro Bewegungsart konfigurieren (siehe Abbildung 5.28).

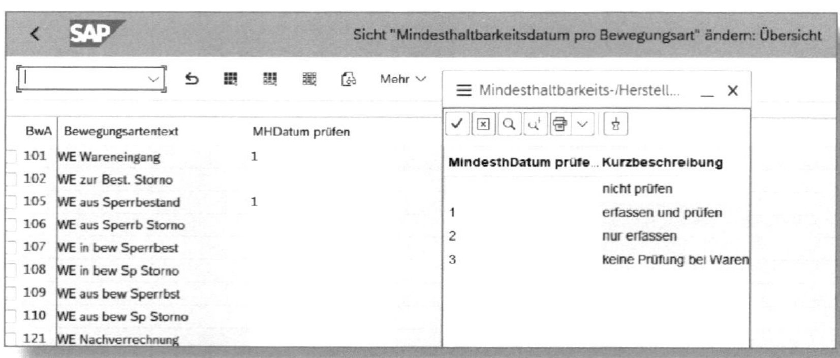

Abbildung 5.28: Mindesthaltbarkeit pro Bewegungsart

Mit diesen Einstellungen regeln Sie, ob und wie ein Verfallsdatum (MHD) oder Produktionsdatum erfasst und geprüft werden soll.

Sie haben in der Spalte MHDATUM PRÜFEN jeweils vier Einstellungsmöglichkeiten, die ich in Tabelle 5.1 erläutere.

Feldname	Beschreibung
Ohne Eingabe (NICHT PRÜFEN)	Lassen Sie die Prüfung für eine bestimmte Bewegungsart (z. B. 101 WE WARENEINGANG) leer, werden beim Buchen die Felder für Herstell- und Verfallsdatum nicht angeboten. Daher werden diese Daten auch nicht in die Charge übertragen, selbst wenn Sie im Materialstamm die entsprechenden Daten gepflegt haben.
Eingabe = *1* (ERFASSEN UND PRÜFEN)	Mit dieser Einstellung werden beim Wareneingang die Felder zur Erfassung der Mindesthaltbarkeitsdaten angeboten (siehe Abbildung 5.29). Die Eingabe ist je nach Einstellung im Materialstamm eine Pflichteingabe. Das System prüft, ob für die jeweilige Charge bereits ein MHD oder Produktionsdatum hinterlegt ist. In diesem Fall werden diese Daten in den Wareneingang übernommen. Sind noch keine Daten vorhanden oder ist der Wareneingang der erste für diese Charge, finden die folgenden Prüfungen statt: ▶ **Keine Restlaufzeit im Materialstamm angegeben:** In diesem Fall verlangt das System auch keine Eingabe von MHD-Daten beim Wareneingang. Da diese Felder jedoch offen für Eingaben sind, bleibt es Ihnen überlassen, ob Sie die Angaben machen. Diese werden dann in die Charge, den Materialbeleg und in alle Folgebelege übernommen. ▶ **Restlaufzeit angegeben, aber keine Gesamthaltbarkeit:** Das System erwartet beim Wareneingang die Eingabe des Verfallsdatums. Wird dabei die geforderte Restlaufzeit unterschritten, gibt das System eine entsprechende Meldung aus. ▶ **Mindestrestlaufzeit und Gesamthaltbarkeit:** Bei dieser Einstellung müssen Sie das Produktionsdatum der Charge eingeben. Das System berechnet nun das MHD auf Basis des Produktionsdatums zuzüglich der Gesamthaltbarkeit. Auch hier wird die Restlaufzeit geprüft und ggf. eine Meldung ausgegeben.

Feldname	Beschreibung
Eingabe = *2* (NUR ERFASSEN)	Haben Sie für eine Bewegungsart diese Einstellung gewählt, werden Ihnen bei der Buchung beide Felder angeboten. Die gepflegten Werte werden in die Charge übernommen, es findet jedoch weder eine Prüfung gegen die Mindestrestlaufzeit statt, noch wird bei fehlender Datumseingabe eine Meldung ausgegeben. Das MHD wird automatisch auf Basis der Einstellungen im Materialstamm berechnet.
Eingabe = *3* (KEINE PRÜFUNG BEI WARENAUSGANG)	Diese Einstellung ist nur dann sinnvoll, wenn Sie sie einer Bewegungsart zum Warenausgang oder einer Umbuchung zuordnen. Sie ist von Vorteil, wenn Sie über die Bewegungsart 551 (Warenausgang zur Verschrottung) buchen möchten. Diese Buchung würde dann ohne Prüfung und daher auch ohne Systemmeldung ablaufen.

Tabelle 5.1: Prüfung Mindesthaltbarkeits-/Herstelldatum

Abbildung 5.29: Wareneingang mit Eingabe der MHD-Daten

Chargenfindung auf Basis der Restlaufzeit

Sie können die Tage bis zum Erreichen des MHD auch für die Chargenfindung heranziehen. SAP bietet dafür diese drei Standardmerkmale an:

- **LOBM_VFDAT:** Verfallsdatum der Charge
- **LOBM_LFDAT:** Lieferdatum; dieses wird dynamisch aus der aufrufenden Funktion bewertet (z. B. Lieferdatum aus einer Kundenauftragsposition)
- **LOBM_RLZ:** Restlaufzeit, die der Kunde für dieses Material fordert

Nur das Merkmal LOBM_VFDAT wird in die Chargenklasse übernommen, es müssen aber alle drei Merkmale in der Selektionsklasse für die Chargenfindung vertreten sein.

In die Selektionskriterien für die Chargenfindung wird die vom Kunden geforderte Restlaufzeit in das Merkmal LOBM_RLZ eingetragen. Beispielsweise geben Sie für eine Restlaufzeit von mehr als einem Monat *> 30 d* ein.

Das Merkmal LOBM_VFDAT wird dynamisch aus der Charge bewertet, daher ist dieses in den Selektionskriterien auch nicht eingabebereit. Auch LOBM_LFDAT bleibt unbewertet, da dieser Wert aus der aufrufenden Funktion bewertet wird.

▶ Beziehungswissen

Im Merkmal LOBM_RLZ muss die Beziehung LOBM_UBD als Beziehungswissen eingegeben sein. Das ist normalerweise in der Standardauslieferung der Fall. Unter Beziehungswissen versteht man hier eine Funktion, die über die drei angesprochenen Merkmale die Restlaufzeit ermittelt und für diese Chargenfindung heranzieht.

Sie können das Beziehungswissen prüfen, indem Sie das Merkmal LOBM_RLZ über die Transaktion *CT04* oder die Fiori-App »Merkmale verwalten« aufrufen (siehe Abbildung 5.30).

Abbildung 5.30: Fiori-App »Merkmale verwalten«

Geben Sie dann den Merkmalsnamen LOBM_RLZ ein und bestätigen mit der ↵-Taste (siehe Abbildung 5.31).

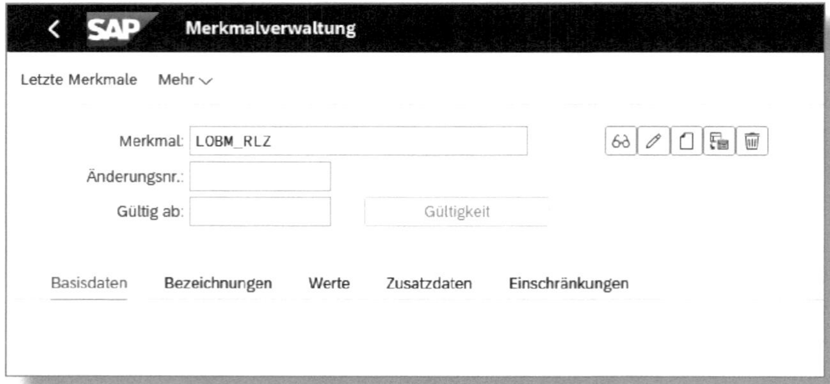

Abbildung 5.31: Merkmalsbearbeitung LOBM_RLZ

Bestätigen Sie die Meldung, die besagt, dass keine Änderungen an diesem SAP-Standardmerkmal vorgenommen werden dürfen, mit Klick auf Weiter (siehe Abbildung 5.32).

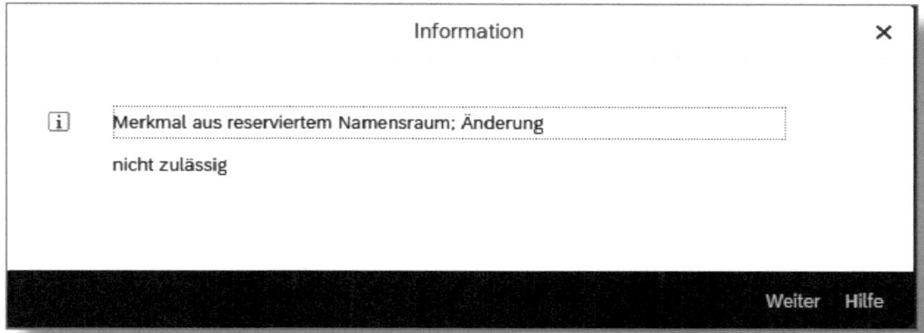

Abbildung 5.32: Meldung bei SAP-eigenen Merkmalen

Sie gelangen in die Anzeige des Merkmals LOBM_RLZ (siehe Abbildung 5.33).

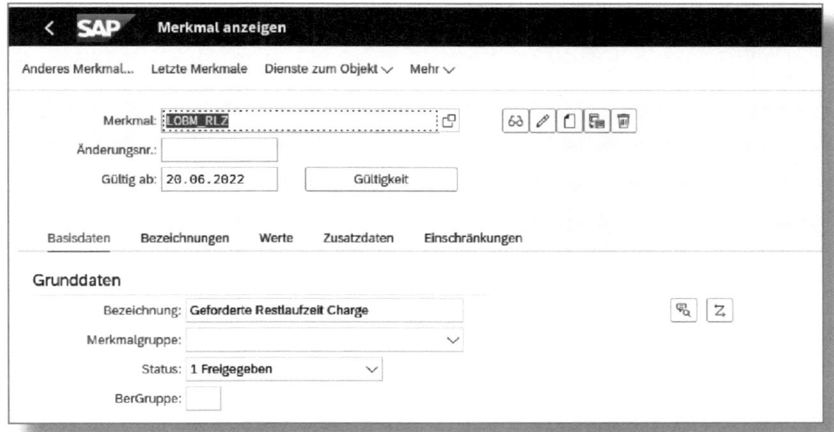

Abbildung 5.33: Merkmal LOBM_RLZ

Klicken Sie auf den Button (Beziehungswissen). Machen Sie entweder einen Doppelklick auf die BEZIEHUNG *LOBM_UBD* oder klicken Sie auf Beziehungseditor (siehe Abbildung 5.34).

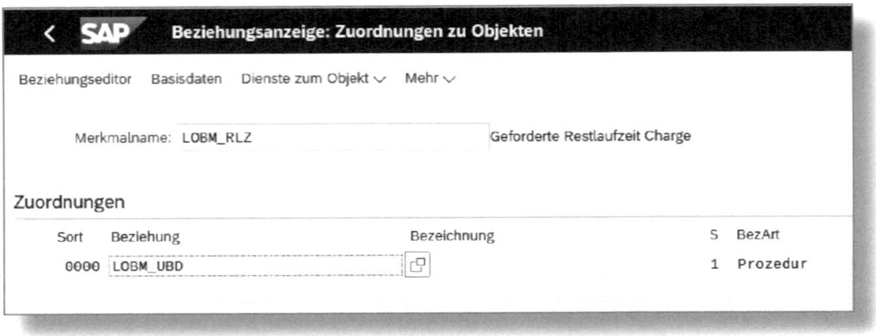

Abbildung 5.34: Beziehungsanzeige

Durch den Doppelklick auf die BEZIEHUNG können Sie den Code (das Programm) einsehen, mit dem der Wert dieser Beziehung berechnet wird (siehe Abbildung 5.35). Da es sich hier um ein SAP-Merkmal handelt (ersichtlich an der Bezeichnung LOBM), lassen sich das Merkmal und dieses Coding nicht verändern.

Abbildung 5.35: Code der Beziehung

Code für Beziehungswissen anpassen

Sie können den Code für das Beziehungswissen in ein eigenes Merkmal kopieren und dort an Ihre Bedürfnisse anpassen.

Verlassen Sie das Merkmal.

Sind jetzt alle Merkmale korrekt in die Selektionsklasse eingetragen und wurde eine Chargenfindung innerhalb einer Auslieferung an einen Kunden für die oben angegebene Restlaufzeit von mehr als einem Monat durchgeführt, wird das Merkmal LOBM_LFDAT (Lieferdatum) aus der Auslieferung automatisch befüllt. Da wir eine Restlaufzeit von mindestens 30 Tagen haben müssen, wird das Merkmal LOBM_VFDAT (Mindesthaltbarkeit, Verfallsdatum) auf das angegebene Lieferdatum plus 30 Tage gesetzt.

Damit werden nur solche Chargen zur Auslieferung angeboten, deren Mindesthaltbarkeit wenigstens 30 Tage nach dem Lieferdatum liegt.

5.4.3 Auswertung aus dem Qualitätsmanagement

Die Chargenverwaltung ist sehr stark mit dem SAP-Qualitätsmanagement integriert und wird sehr oft im Zusammenhang mit dem Modul QM eingesetzt.

Sie können aus QM den Chargenzustand beeinflussen. Außerdem können Sie – bei korrekter Stammdatenanlage und Customizing-Einstellung – den Verwendungsentscheid sowie die Prüfergebnisse aus der Qualitätsprüfung direkt an die Chargenklassifizierung übergeben. Somit lassen sich die Ergebnisse einer Qualitätsprüfung für eine Chargenfindung einsetzen oder über das Klassenmerkmal auf einem Prüfzeugnis ausgeben.

Ein weiterer wichtiger Punkt ist die wiederkehrende Überprüfung der Charge. Das System prüft zu festgelegten und berechneten Zeitpunkten, welche Chargen das MHD erreicht haben oder in Kürze erreichen werden. Die betroffenen Chargen können gesperrt werden (Chargenzustand: »Nicht frei«). Ebenso ist eine Buchung in den Qualitätsprüfbestand möglich. In diesem Fall wird ein Prüflos erzeugt, um festzustellen, ob die Mindesthaltbarkeit eventuell verlängert werden kann.

Ein ausgeprägtes Reporting aus dem Qualitätsmanagement gibt es nur begrenzt; Sie können die Prüfergebnisse von Qualitätsmerkmalen mit Zuordnung zur Charge auswerten. Dazu nutzen Sie die Fiori-App »Ergebnishistorie anzeigen« (siehe Abbildung 5.36).

Abbildung 5.36: Fiori zur Auswertung von Prüfergebnissen

Nachdem Sie die App angeklickt haben, öffnet sich die Auswahlmaske für die Ergebnishistorie (siehe Abbildung 5.37). Sie sollten als AGGREGATIONSEBENE *Planmerkmal* angeben. Das ist die einzig erforderliche Eingabe.

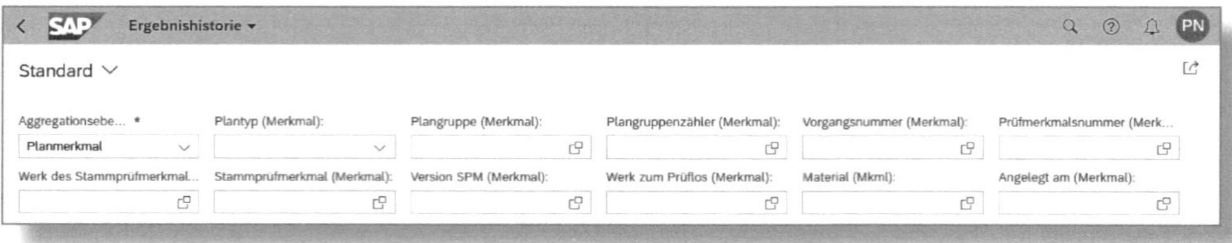

Abbildung 5.37: Auswahlmenü für Ergebnishistorie

Im produktiven Umfeld empfiehlt es sich, die Auswertung weiter einzugrenzen, z. B. nach Werk, Material oder Merkmal.

Klicken Sie anschließend den Push-Button Start, um die Auswertung zu erhalten (siehe Abbildung 5.38).

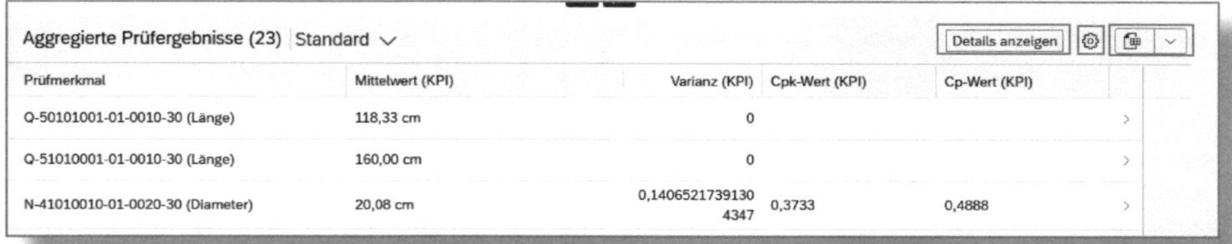

Aggregierte Prüfergebnisse (23) Standard ∨ — Details anzeigen

Prüfmerkmal	Mittelwert (KPI)	Varianz (KPI)	Cpk-Wert (KPI)	Cp-Wert (KPI)
Q-50101001-01-0010-30 (Länge)	118,33 cm	0		
Q-51010001-01-0010-30 (Länge)	160,00 cm	0		
N-41010010-01-0020-30 (Diameter)	20,08 cm	0,14065217391304347	0,3733	0,4888

Abbildung 5.38: Ergebnishistorie zu Merkmal und Charge

Falls Sie zu viele Daten ausgewählt haben, werden diese in einer zweiten Zeile angezeigt. Dazu klicken Sie auf den Push-Button Details anzeigen .

Durch Anklicken des Buttons »Einstellungen« (⚙) können Sie weitere Felder und Informationen einblenden (siehe Abbildung 5.39).

Möchten Sie die Auswertung zur weiteren Bearbeitung in eine Excel-Datei überführen, drücken Sie ⊞ | ∨ (siehe Abbildung 5.38). Alle Daten zu den gewählten Anzeigeeinstellungen werden in Excel geladen (siehe Abbildung 5.40).

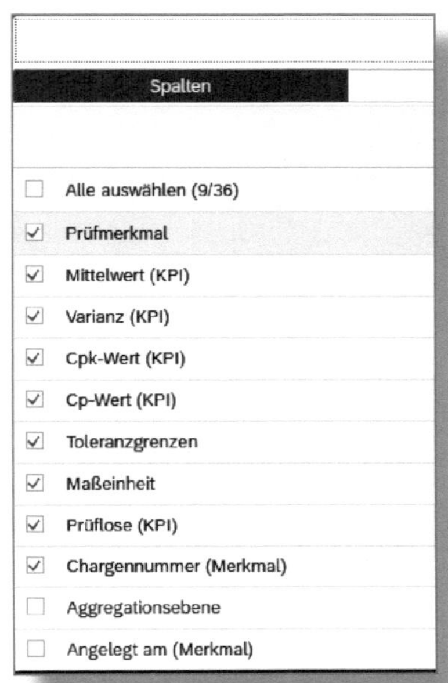

Abbildung 5.39: Anzeigeeinstellungen

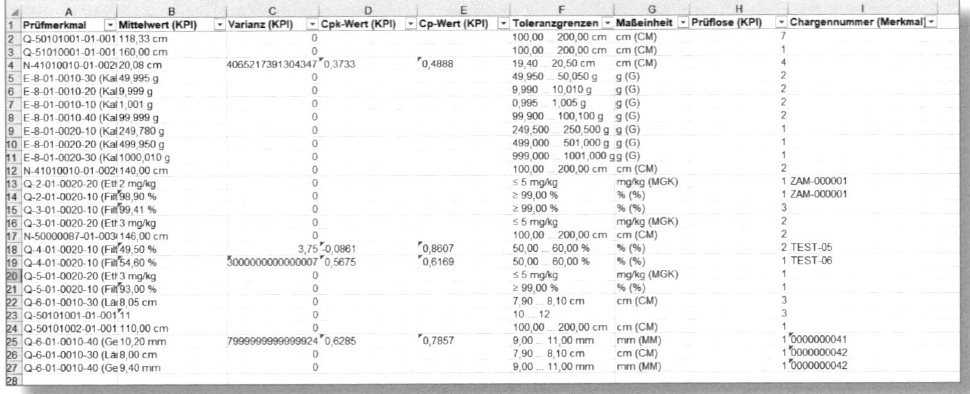

	A	B	C	D	E	F	G	H	I
1	Prüfmerkmal	Mittelwert (KPI)	Varianz (KPI)	Cpk-Wert (KPI)	Cp-Wert (KPI)	Toleranzgrenzen	Maßeinheit	Prüflose (KPI)	Chargennummer (Merkmal)
2	Q-50101001-01-001	118,33 cm	0			100,00 ... 200,00 cm	cm (CM)	7	
3	Q-51010001-01-001	160,00 cm	0			100,00 ... 200,00 cm	cm (CM)	1	
4	N-41010010-01-002	20,08 cm	4065217391304347	0,3733	0,4888	19,40 ... 20,50 cm	cm (CM)	4	
5	E-8-01-0010-30 (Kal	49,995 g	0			49,950 ... 50,050 g	g (G)	2	
6	E-8-01-0010-20 (Kal	9,999 g	0			9,990 ... 10,010 g	g (G)	2	
7	E-8-01-0010-10 (Kal	1,001 g	0			0,995 ... 1,005 g	g (G)	2	
8	E-8-01-0010-40 (Kal	99,999 g	0			99,900 ... 100,100 g	g (G)	2	
9	E-8-01-0020-10 (Kal	249,780 g	0			249,500 ... 250,500 g	g (G)	1	
10	E-8-01-0020-20 (Kal	499,950 g	0			499,000 ... 501,000 g	g (G)	1	
11	E-8-01-0020-30 (Kal	1000,010 g	0			999,000 ... 1001,000 g	g (G)	1	
12	N-41010010-01-002	140,00 cm	0			100,00 ... 200,00 cm	cm (CM)	2	
13	Q-2-01-0020-20 (Et	2 mg/kg	0			≤ 5 mg/kg	mg/kg (MGK)	1	ZAM-000001
14	Q-2-01-0020-10 (Filt	98,90 %	0			≥ 99,00 %	% (%)	1	ZAM-000001
15	Q-3-01-0020-10 (Filt	99,41 %	0			≥ 99,00 %	% (%)	3	
16	Q-3-01-0020-20 (Et	3 mg/kg	0			≤ 5 mg/kg	mg/kg (MGK)	2	
17	N-50000087-01-003	146,00 cm	0			100,00 ... 200,00 cm	cm (CM)	2	
18	Q-4-01-0020-10 (Filt	49,50 %	3,75	-0,0861	0,8607	50,00 ... 60,00 %	% (%)	2	TEST-05
19	Q-4-01-0020-10 (Filt	54,60 %	3000000000000007	0,5675	0,6169	50,00 ... 60,00 %	% (%)	1	TEST-06
20	Q-5-01-0020-20 (Et	3 mg/kg	0			≤ 5 mg/kg	mg/kg (MGK)	1	
21	Q-5-01-0020-10 (Filt	93,00 %	0			≥ 99,00 %	% (%)	1	
22	Q-6-01-0010-30 (Lä	8,05 cm	0			7,90 ... 8,10 cm	cm (CM)	3	
23	Q-50101001-01-001	11	0			10 ... 12		3	
24	Q-50101002-01-001	110,00 cm	0			100,00 ... 200,00 cm	cm (CM)	1	
25	Q-6-01-0010-40 (Ge	10,20 mm	7999999999999924	0,6285	0,7857	9,00 ... 11,00 mm	mm (MM)	1	0000000041
26	Q-6-01-0010-30 (Lä	8,00 cm	0			7,90 ... 8,10 cm	cm (CM)	1	0000000042
27	Q-6-01-0010-40 (Ge	9,40 mm	0			9,00 ... 11,00 mm	mm (MM)	1	0000000042
28									

Abbildung 5.40: Ausleitung der Ergebnishistorie in Excel

Übergabe von Daten aus der Ergebniserfassung an die Charge

Sie können sowohl den Verwendungsentscheid als auch die Prüfergebnisse an die Chargenklasse übertragen.

Für den Übertrag des Verwendungsentscheids muss dazu nur das SAP-Standardmerkmal LOBM_UDCODE (Verwendungsentscheid) in der Chargenklasse enthalten sein.

Haben Sie außerdem das Merkmal LOBM_QSCORE (Qualitätskennzahl aus VE) der Chargenklasse zugeordnet, wird auch die Qualitätskennzahl an die Charge übertragen. Beide Werte können Sie zur Chargenfindung heranziehen.

Während der Übertrag des Verwendungsentscheids keine Voreinstellungen erfordert, sind für denjenigen von Merkmalsergebnissen aus der Qualitätsprüfung einige vorbereitende Stammdaten notwendig.

Sie müssen sowohl ein Klassenmerkmal als auch ein Stammprüfmerkmal anlegen. Das Klassenmerkmal sollte zuerst vorhanden sein, da wichtige Einstellungen daraus in das Stammprüfmerkmal übernommen werden. Diese Einstellungen (z. B. Spezifikationsgrenzen) können im Prüfplan nicht mehr geändert werden.

Sie legen also zuerst ein Klassenmerkmal an: Das MERKMAL bezeichnen Sie als *FEUCHTIGKEIT*, die BEZEICHNUNG ist *Restfeuchte* (siehe Abbildung 5.41).

Abbildung 5.41: Klassenmerkmal »Restfeuchte« – Grunddaten

Das Merkmal soll ein *numerisches Format* haben, die gesamte ANZAHL STELLEN beträgt *3*, davon sind *2* DEZIMALSTELLEN. Die Maßeinheit ist Prozent *(%)* (siehe Abbildung 5.42).

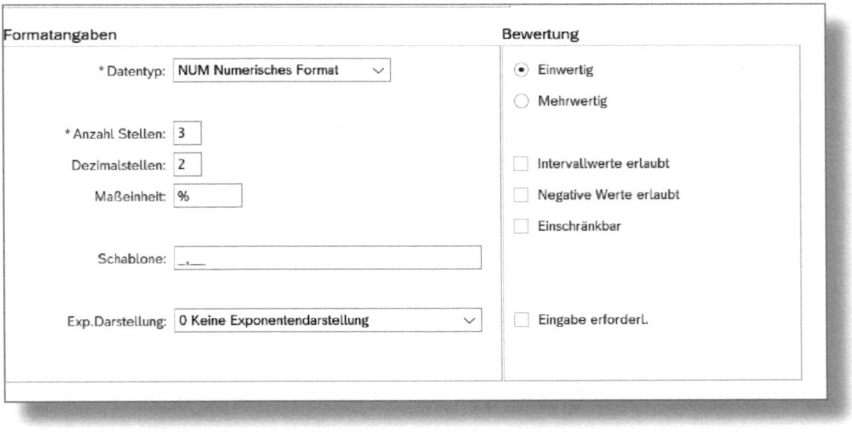

Abbildung 5.42: Klassenmerkmal »Restfeuchte« – Formatangaben

Nun geben Sie im Abschnitt ZULÄSSIGE WERTE noch den erlaubten Wert ein (siehe Abbildung 5.43).

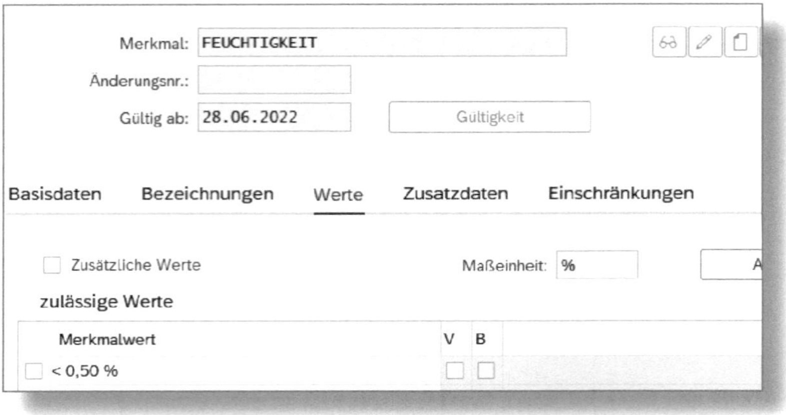

Merkmal: FEUCHTIGKEIT
Änderungsnr.:
Gültig ab: 28.06.2022
Gültigkeit
Basisdaten
Bezeichnungen
Werte
Zusatzdaten
Einschränkungen
Zusätzliche Werte
Maßeinheit: %
zulässige Werte
Merkmalwert
V
B
< 0,50 %

Abbildung 5.43: Klassenmerkmal »Restfeuchte« – Merkmalswert

< 0,50 % besagt, dass die Restfeuchte im Stoff bei maximal 0,5 Prozent liegen darf.

Mehr Angaben sind hier nicht notwendig. Sichern Sie das Merkmal.

Als Nächstes legen Sie ein Stammprüfmerkmal an. Dazu nutzen Sie die Fiori-App »Stammprüfmerkmal anlegen« (siehe Abbildung 5.44).

Startseite
QM-Produktionslenkungsplan
EHS-Spezifikation
Stammprüfmerk-
male anzeigen
Stammprüfmerkmal
anlegen
Stammprüfmerkmal
anlegen
Version

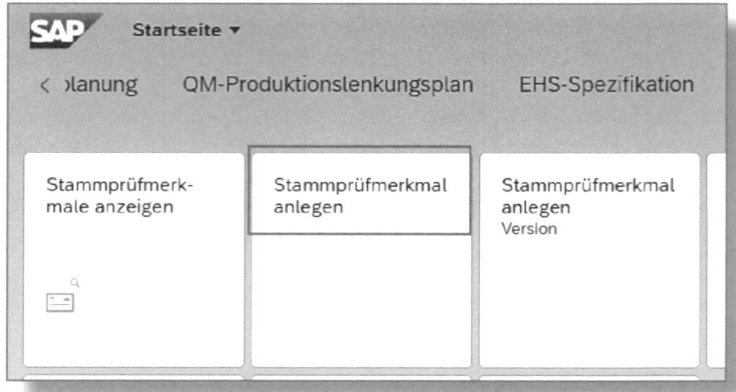

Abbildung 5.44: Fiori-App »Stammprüfmerkmal anlegen«

Das Einstiegsbild der Stammprüfmerkmalspflege erscheint (siehe Abbildung 5.45).

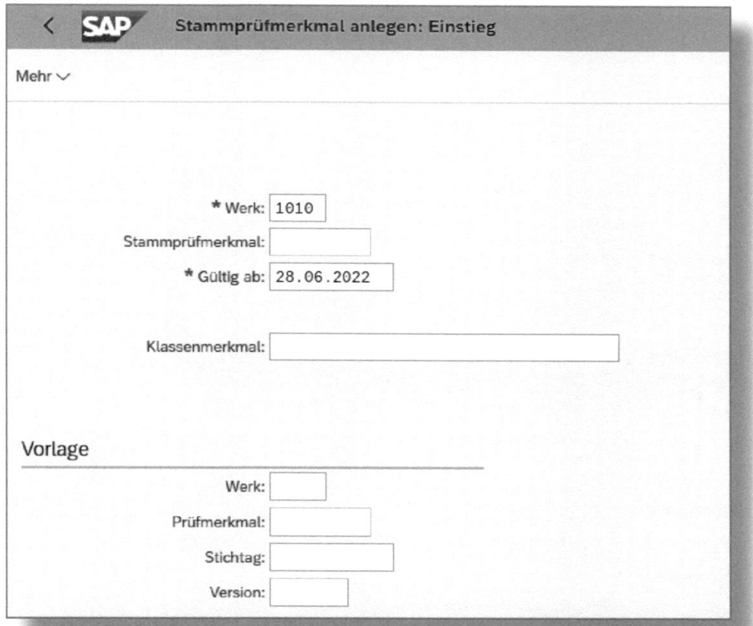

Abbildung 5.45: Stammprüfmerkmal anlegen

Die erforderlichen Werte (WERK und GÜLTIG AB) sind eventuell bereits vorbelegt (das hängt von den Einstellungen in Ihrem SAP-System ab), können aber geändert werden.

Unter diesen Eingaben sehen Sie das Feld KLASSENMERKMAL.

Hier tragen Sie das vorher angelegte Klassenmerkmal *FEUCHTIGKEIT* ein und bekommen beim Bestätigen mit [↵] den Hinweis, dass alle Werte und einige Steuerkennzeichen aus dem Klassenmerkmal übernommen werden (siehe Abbildung 5.46).

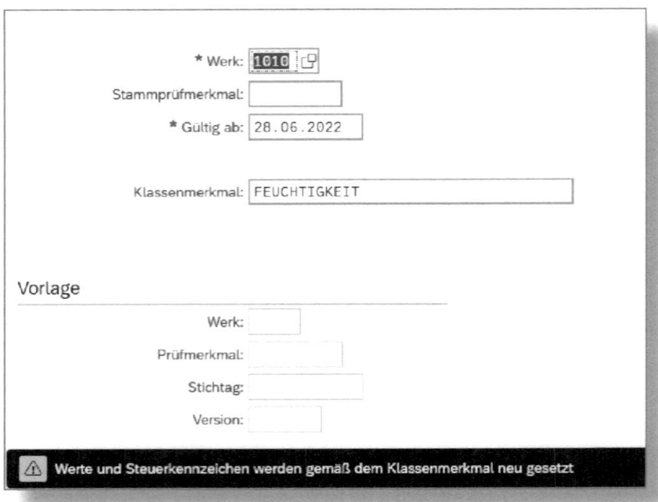

Abbildung 5.46: Hinweis bei Anlage zum Klassenmerkmal

Im Anlagescreen sehen Sie, dass die STEUERKENNZEICHEN ausgegraut sind, es können nur noch einige Kennzeichen geändert werden (siehe Abbildung 5.47).

Abbildung 5.47: Stammprüfmerkmal anlegen – Steuerdaten

Das Stammprüfmerkmal wird als *Referenzmerkmal* angelegt, das bedeutet, dass dieses Merkmal eine Referenz zu einem Klassenmerkmal hat.

☛ Referenzmerkmale

Sie müssen nur dann zu einem Klassenmerkmal referenzieren, wenn Sie die Ergebnisse an die Klasse übertragen wollen. Ebenso können Sie ein Merkmal auf sich selbst referenzieren. In diesem Fall können Änderungen ebenfalls nicht mehr im Prüfplan vorgenommen werden, sondern nur noch im Stammprüfmerkmal.

Welche der Kennzeichen Sie ändern können, sehen Sie, wenn Sie auf den Push-Button Steuerkennzeichen klicken (siehe Abbildung 5.48 und Abbildung 5.49).

Steuerkennzeichen Merkmal bearbeiten

Typ

Unterer Grenzwert
Oberer Grenzwert

Stichprobe

Stichprobenverfahren
Additive Probe
SPC-Merkmal
Zerstörende Prüfung

Ergebnisrückmeldung

Summ. Erfassung
Muss-Merkmal
Einzelergebnis
Kann-Merkmal
Keine Erfassung
Nach Annahme
Nach Rückweisung
Fehlererfassung

Abbildung 5.48: Änderbare Steuerkennzeichen, Seite 1

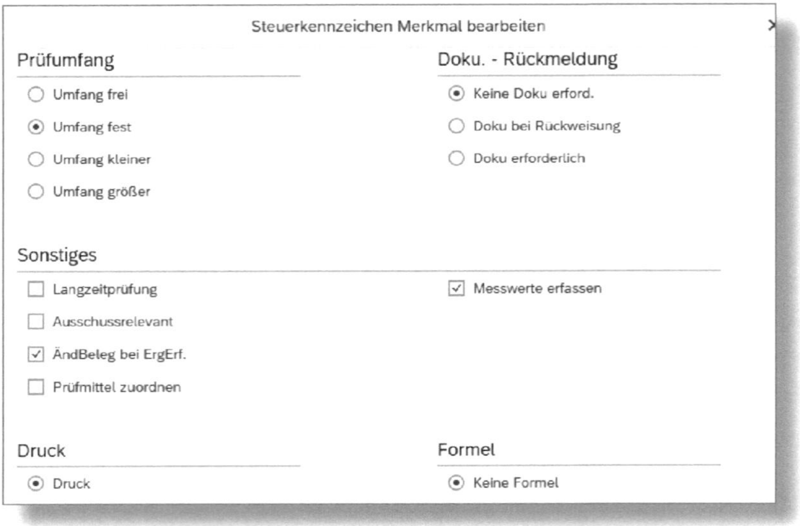

Abbildung 5.49: Änderbare Steuerkennzeichen, Seite 2

Auch die Spezifikationswerte werden aus dem Klassenmerkmal übernommen, sie können im Stammprüfmerkmal nicht mehr geändert werden (siehe Abbildung 5.50).

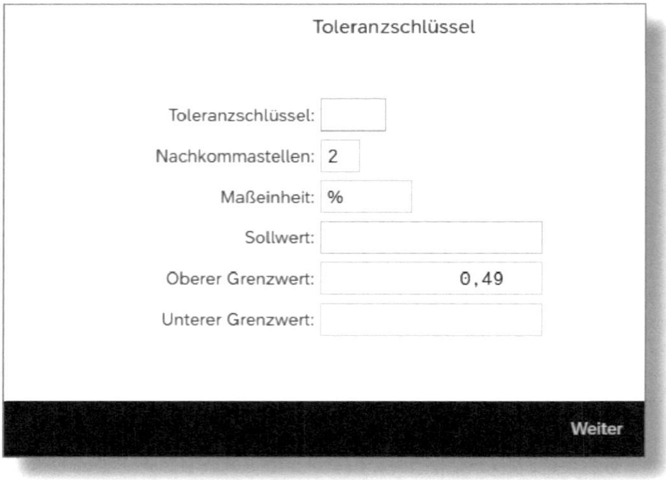

Abbildung 5.50: Grenzwerte aus dem Klassenmerkmal

Sie können auch ein qualitatives Merkmal zu einem Klassenmerkmal referenzieren, dann müssen Sie im Klassenmerkmal einen Katalog mit zulässigen Werten hinterlegen (siehe Abbildung 5.51 und Abbildung 5.52).

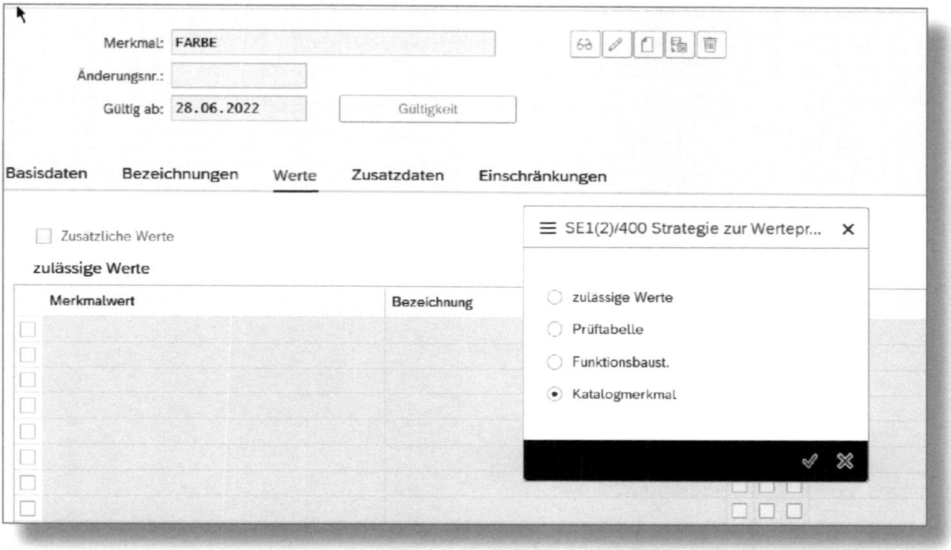

Abbildung 5.51: Klassenmerkmal mit Katalog zur Ergebniserfassung

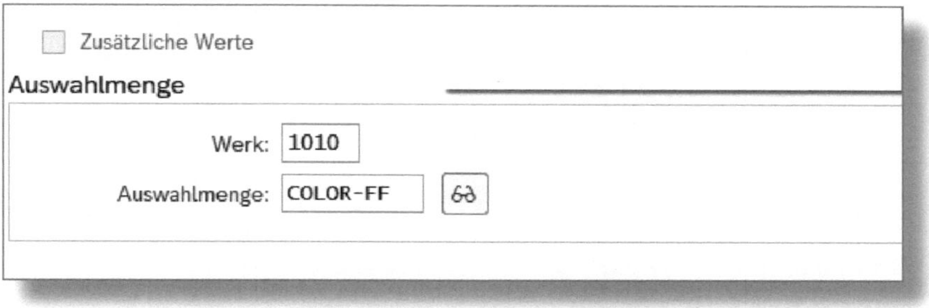

Abbildung 5.52: Katalog zum Klassenmerkmal

Katalog

Ein qualitatives Merkmal ist dadurch gekennzeichnet, dass zu ihm keine Messwerte als Ergebnisse erfasst werden, sondern die Ergebnisse aus einem Katalog mit zulässigen Werten kommen. Der Katalog »COLOR-FF« könnte als mögliche Ergebnisse »Blau«, »Violett« und »Rot« enthalten. Sofern Sie hier weitere Informationen möchten, verweise ich Sie auf das Buch »Schnelleinstieg ins Qualitätsmanagement mit SAP QM« (Espresso Tutorials, 2019): *http://5266.espresso-tutorials.de*.

Das Stammprüfmerkmal dazu hat die Einstellungen, die Sie in Abbildung 5.53 sehen.

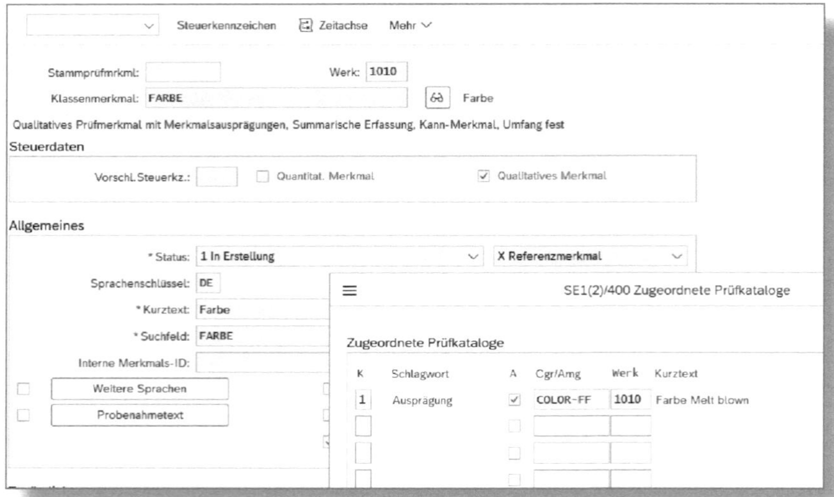

Abbildung 5.53: Qualitatives Referenzmerkmal

Referenzierte Merkmale können sowohl einem Prüfplan als auch einer Materialspezifikation zugeordnet sein. Der Unterschied ist, dass ein Prüfplan immer werksbezogen angelegt ist – die Materialspezifikation hingegen materialbezogen, aber werksübergreifend. Aus diesem Grund spielen in diesem Zusammenhang bestimmte Einstellungen im

Customizing eine Rolle: Falls Sie in den werksabhängigen Voreinstellungen die CHARGENBEWERTUNG OHNE MATERIALSPEZIFIKATION aktivieren (siehe Abbildung 5.54), genügt es, wenn eine Verbindung zwischen Stamm- und Klassenmerkmal besteht. Ist das Kennzeichen nicht gesetzt, müssen Sie eine Materialspezifikation mit den referenzierten Merkmalen angelegt haben.

Grunddaten | Prüfloserzeugung | Ergebniserfassung | Prüflosabschluss | Allgem. Einstellunge

Bestandsbuchungen

Kostenrechnungskrs:
Kostenstelle Schrott:
Kostenstelle zerstört:
Lagerort für Rücklagen:

Automatischer Verwendungsentscheid

Verzögerungszeit für Skip-Lot:
Wartezeit (Stunden): 25
Wartezeit (Minuten): 60

Chargenbewertung

☑ Chargenbewertung ohne Materialspezifikation

Abbildung 5.54: Werksabhängiges Customizing, Chargenbewertung ohne Materialspezifikation

5.4.4 Auswertung in der Produktion

In der Produktion werden Produktions- oder Prozessaufträge mithilfe des *Fertigungsauftragsinformationssystems* ausgewertet. Es gibt dafür nur die Fiori-App »Prozess-/Planaufträge überwachen«, die über das SAP GUI für HTML in das System gelangt (siehe Abbildung 5.55).

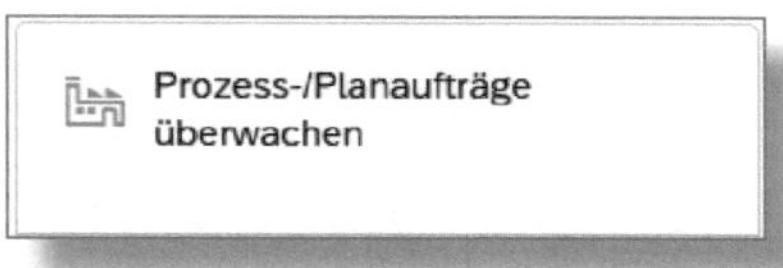

Abbildung 5.55: Fertigungsauftragsinformationssystem

Sobald Sie in den Selektionsscreen gelangen (siehe Abbildung 5.56), können Sie Ihre Auswahl unter SELEKTION AUF KOPFEBENE nach Ihren Bedürfnissen einschränken.

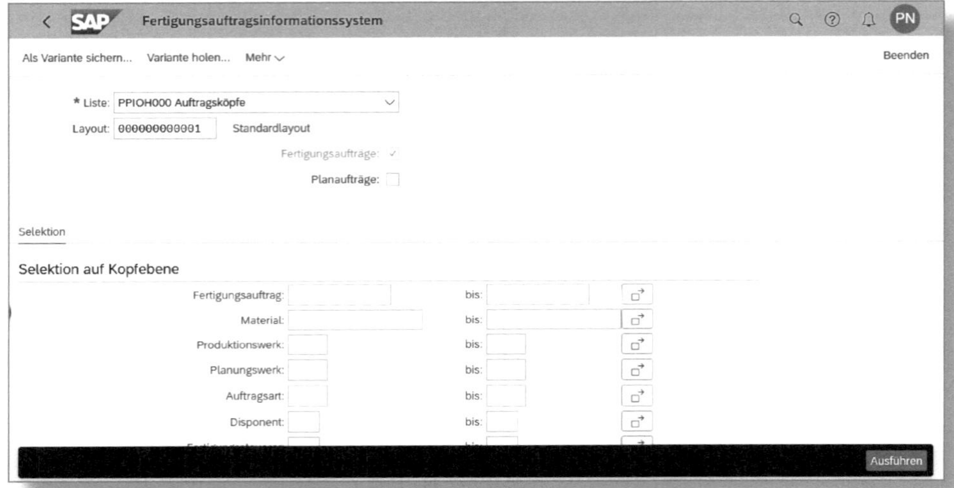

Abbildung 5.56: Auswahl für Fertigungsaufträge

Sie können sich verschiedene Objekte eines Auftrags anzeigen lassen (siehe Abbildung 5.57).

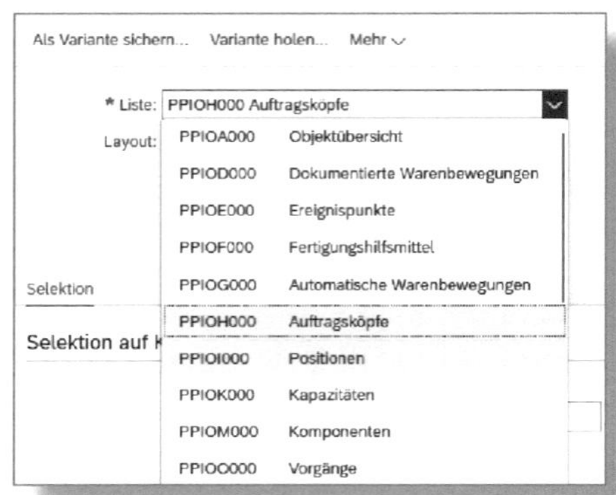

Abbildung 5.57: Mögliche Auswahllisten

Die meistgenutzten sind hier sicher AUFTRAGSKÖPFE – die Voreinstellung im Standard –, DOKUMENTIERTE WARENBEWEGUNGEN und KOMPONENTEN.

Zu allen drei Optionen können Sie sich, sofern zugeordnet, die Chargen anzeigen lassen.

Es werden alle Komponenten (siehe Abbildung 5.58) bzw. Materialien mit dokumentierter Warenbewegung (siehe Abbildung 5.59) dargestellt, ganz gleich, ob diese chargenpflichtig sind oder nicht.

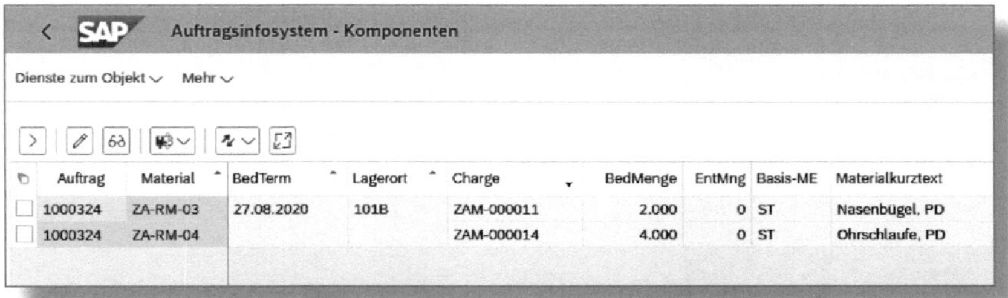
Auftragsinfosystem - Komponenten

Dienste zum Objekt ⌵ Mehr ⌵

Auftrag	Material	BedTerm	Lagerort	Charge	BedMenge	EntMng	Basis-ME	Materialkurztext
1000324	ZA-RM-03	27.08.2020	101B	ZAM-000011	2.000	0	ST	Nasenbügel, PD
1000324	ZA-RM-04			ZAM-000014	4.000	0	ST	Ohrschlaufe, PD

Abbildung 5.58: Auswahl Komponenten mit zugeordneten Chargen

Auftragsinfosystem - Dokumentierte Warenbewegungen

Dienste zum Objekt ⌵ Mehr ⌵

Auftrag	Material	Warenbew	WE-unbew.	Materialbeleg	Position	BewegArt	Lagerort	Charge	S/H-Kz.	Σ	Betrag Hauswähr	Währung
1000470										•	**675,00-**	**EUR**
1000525	BAS-0301	1		4900002143	2	261	101C	0000000064	H		20,00	EUR
	ROS-0301			4900002143	3	261	101C	0000000065	H		47,50	EUR
	SAL-0301			4900002143	4	261	101C	0000000066	H		0,20	EUR
	THY-0301			4900002143	1	261	101C	0000000063	H		16,25	EUR
	LOG-MIX-0301	4		4900002144	1	101	101A	0000000070	S		675,00-	EUR
1000525										•	**591,05-**	**EUR**
1000591	RM122	1		4900002664	3	261	101B	0000000128	H		75,00	EUR
1000591										•	**75,00**	**EUR**
1000592	RM122	1		4900002682	3	261	101B	0000000128	H		75,00	EUR
1000592										•	**75,00**	**EUR**
2000000	RM122	1		4900000046	2	261	101C	0000000004	H		15,00	EUR
	FG228	4		5000000011	1	101	101A	0000000006	S		302,80-	EUR
2000000										•	**287,80-**	**EUR**
2000060	BAS-4601	1		4900002045	2	261	101C	0000000053	H		20,00	EUR

Abbildung 5.59: Dokumentierte Warenbewegungen mit Chargenzuordnung

5.4.5 Batch Information Cockpit

Ein mächtiges Instrument zur Bearbeitung, Auswertung oder Anzeige ist das Batch Information Cockpit.

Sie können damit nicht nur Chargen anzeigen und ändern, sondern auch einen Chargenverwendungsnachweis, eine Lagerbestandskontrolle, eine Auswertung des MHD und anderes in einer einzigen Anwendung durchführen lassen.

Rufen Sie zuerst die Fiori-App »Batch Information Cockpit« auf (siehe Abbildung 5.60).

Abbildung 5.60: Fiori-App »Batch Information Cockpit«

Sie kommen in die Selektion für Chargen (siehe Abbildung 5.61).

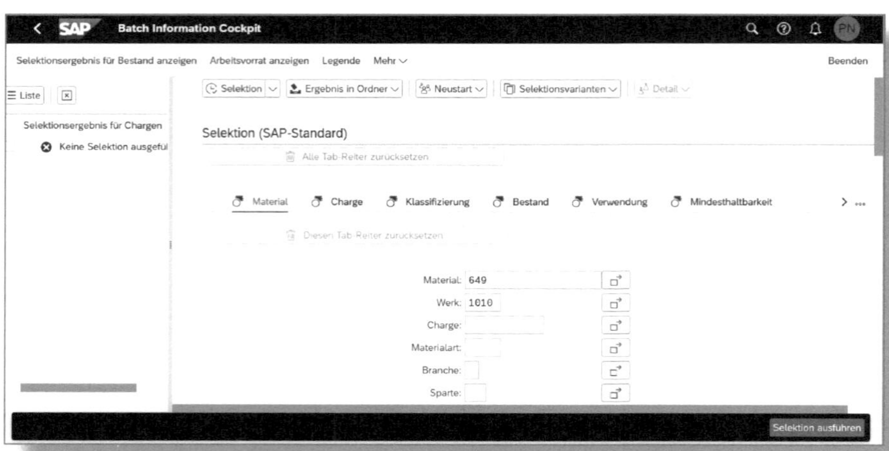

Abbildung 5.61: Selektionsfenster für Batch Information Cockpit – Sicht »Material«

Zum Finden von Chargen müssen Sie keine Vorgabe machen, kein Suchfeld ist verpflichtend. Um die Zeit- und die Systemperformance zu verringern, sollten Sie allerdings die Suche eingrenzen.

In der Sicht MATERIAL finden Sie die häufigsten Kriterien hierfür:

- die Nummer für das MATERIAL
- das WERK
- die Nummer der CHARGE

Daneben können Sie in der Standardselektion auch noch nach MATERIALART, BRANCHE, SPARTE, BEWERTUNGSTYP und DISPONENT suchen (siehe Abbildung 5.62).

Abbildung 5.62: Auswahlmöglichkeiten zur Chargensuche

Durch Anklicken des Push-Buttons »Mehrfachselektion« (⧉) lässt sich jede Eingabe erweitern, Sie haben die Möglichkeit, nach verschiedenen Einzelwerten bzw. Intervallen zu suchen oder diese auszuschließen (siehe Abbildung 5.63).

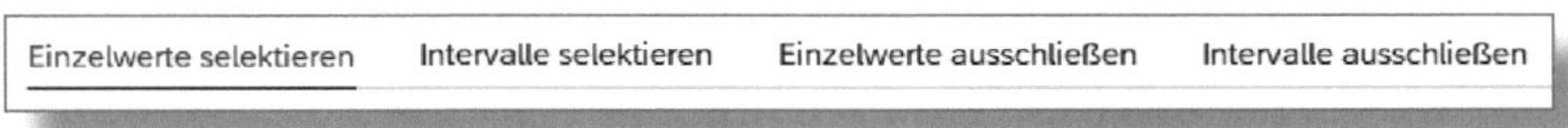

Abbildung 5.63: Mehrfachselektion

Diese Mehrfachselektion ist immer dann aufrufbar, wenn der Push-Button ⧉ angezeigt wird.

Mehrfachselektion

Die Mehrfachselektion wird Ihnen nicht nur in dieser Anwendung angeboten, sondern in allen SAP-Suchmasken, in denen Mehrfachselektionen zulässig sind.

Weitere oft genutzte Suchkriterien sind:

- Daten zur CHARGE
- Daten zur KLASSIFIZIERUNG
- Daten zur VERWENDUNG (siehe Abbildung 5.67)
- Daten zur MINDESTHALTBARKEIT (siehe Abbildung 5.68)

Abbildung 5.64: Selektionsfenster für Batch Information Cockpit – Sicht »Charge«

In den Suchkriterien zur CHARGE (siehe Abbildung 5.64) können Sie im Standard Chargen mit Löschvormerkung (LÖSCHVORMERK. CHARGE) ausblenden (oder auch nur solche Chargen angezeigt bekommen). Weiterhin können Sie nach dem Zustand einer Charge filtern (CHARGE NICHT FREI). Sie können ferner auch nach den Angaben suchen, die in der Charge als Default-Werte festgelegt werden, also nach dem HERSTELLDATUM einer Charge, danach, ab wann diese VERFÜGBAR ist, nach dem VERFALLSDATUM/MHD und nach dem letzten (LTZT.) WARENEINGANG (aus der Produktion oder von externen Lieferanten).

Wenn Sie Chargen anhand von Chargenklassen oder Merkmalsergebnissen finden möchten, wählen Sie die Sicht KLASSIFIZIERUNG.

Abbildung 5.65: *Selektionsfenster für Batch Information Cockpit – Sicht »Klassifizierung«, oberer Bildschirmausschnitt*

Suche mit Merkmalen
Selektionsklasse: REFRA
Merkmalswerte
Brennart:
Format:
Ausstattung:
AUSSchgr.:
Dichte:
Toleranz:
TOLERANZGRUPPE:
TESTMERKMAL:

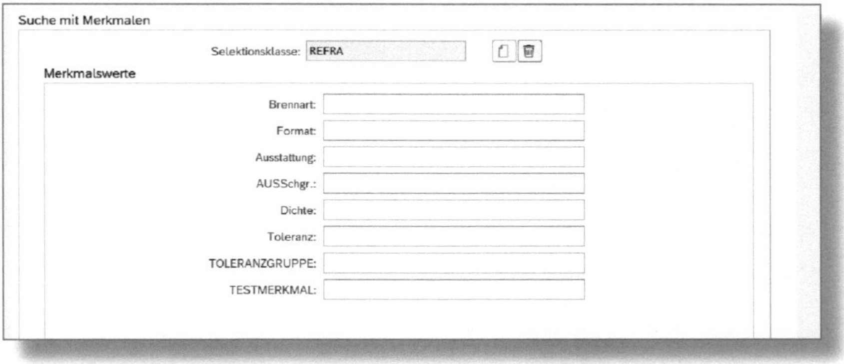

Abbildung 5.66: Selektionsfenster für Batch Information Cockpit – Sicht »Klassifizierung«, unterer Bildschirmausschnitt

Dazu müssen Sie eine CHARGENKLASSE (oder mehrere) vorgeben, dann können Sie den STATUS DER KLASSIFIZIERUNG wählen. Im Standard suchen Sie nach allen Möglichkeiten (siehe Abbildung 5.65).

Möchten Sie Chargen aufgrund spezieller Eigenschaften finden, geben Sie im unteren Teil der Suchmaske die SELEKTIONSKLASSE ein und bekommen dann die dazugehörigen Merkmale angezeigt (siehe Abbildung 5.66).

Mit der F4-Eingabehilfe werden Ihnen alle Eingabemöglichkeiten zum jeweiligen Merkmal angeboten.

Unter dem Reiter VERWENDUNG (siehe Abbildung 5.67) können Sie einen Chargenverwendungsnachweis durchführen. Diese Funktion habe ich Ihnen bereits in Abschnitt 5.4.1 erläutert.

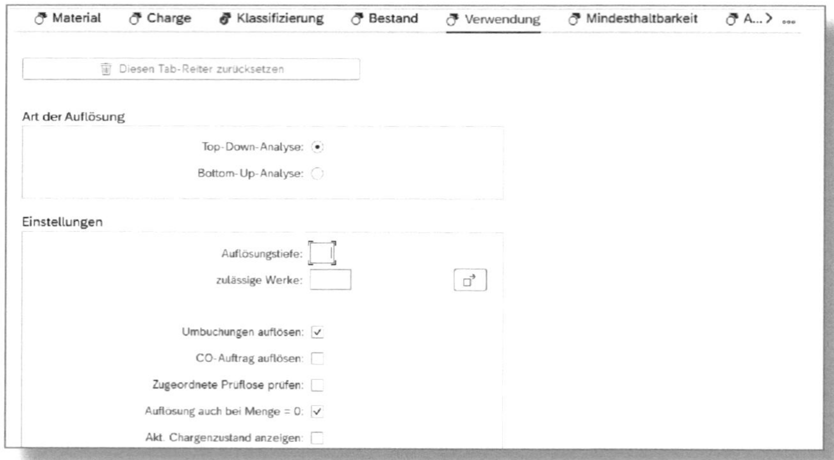

Abbildung 5.67: Selektionsfenster für Batch Information Cockpit – Sicht »Verwendung«

Auch die Sicht »Mindesthaltbarkeit« hat eine eigene Transaktion/Fiori-App und wurde Ihnen in Abschnitt 5.4.2 erklärt.

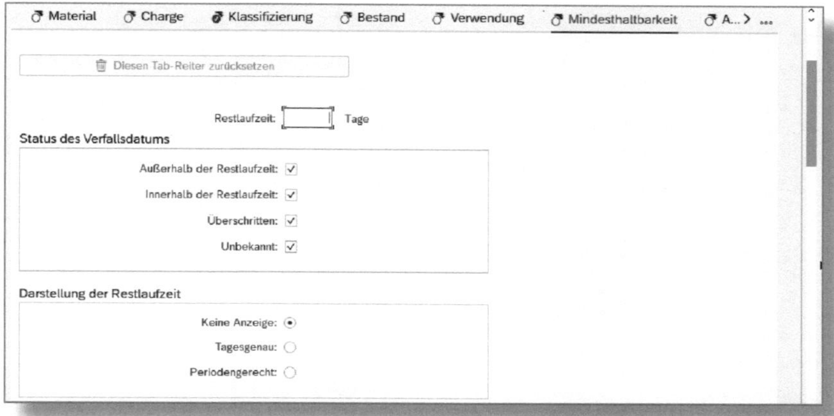

Abbildung 5.68: Selektionsfenster für Batch Information Cockpit – Sicht »Mindesthaltbarkeit«

Um das Arbeiten mit dem Batch Information Cockpit zu erleichtern, können Sie häufig genutzte Suchvorgänge speichern. Dazu bietet Ihnen SAP die Funktion der Selektionsvarianten.

Selektionsvarianten

Wenn Sie beispielsweise regelmäßig nach Chargen suchen, deren Mindesthaltbarkeit im WERK *1010* innerhalb der nächsten zehn Tage ausläuft oder bei denen das MHD bereits überschritten ist, können Sie eine Selektionsvariante anlegen.

Alle Eingaben im Reiter MATERIAL bleiben leer bis auf das WERK, für das Sie die Suche ausführen möchten (siehe Abbildung 5.69).

Abbildung 5.69: Variante, auf Werk eingeschränkt

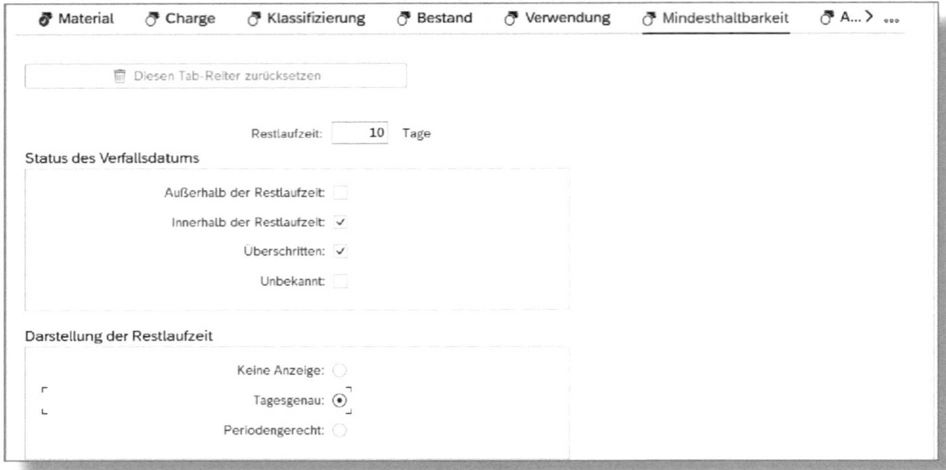

Abbildung 5.70: Variante für Mindesthaltbarkeit

Im Reiter MINDESTHALTBARKEIT (siehe Abbildung 5.70) tragen Sie die Daten ein, zu denen Sie Chargen suchen möchten:

- Die RESTLAUFZEIT soll *10* TAGE betragen (berechnet ab dem Datum der Suche).
- Das Verfallsdatum soll INNERHALB DER RESTLAUFZEIT liegen oder aber bereits ÜBERSCHRITTEN sein.
- Die Restlaufzeit soll TAGESGENAU angezeigt werden.

Da Sie mit diesen Einstellungen öfters suchen werden, speichern Sie diese als Selektionsvariante.

Klicken Sie hierfür nach Eingabe der Suchmerkmale auf den Button Selektionsvarianten ∨. Wählen Sie dann SELEKTIONSKRITERIEN SICHERN • NEUE SELEKTIONSVARIANTE (siehe Abbildung 5.71).

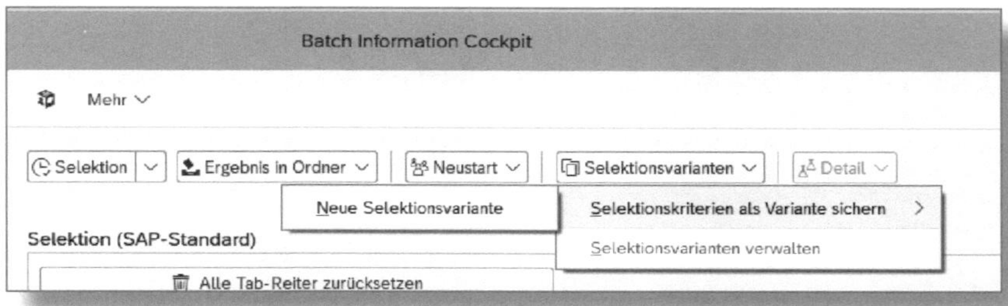

Abbildung 5.71: Neue Selektionsvariante

Geben Sie die notwendigen Daten ein: den Namen der SELEKTIONSVARIANTE und einen beschreibenden KURZTEXT (siehe Abbildung 5.72).

SE1(1)/400 Benutzergruppe SAP-Standard - Neue Selektionsvariant...

* Selektionsvariante: MHD-10-1010

* Kurztext: MHD <10 Tage im Werk 1010

private Selektionsvariante

öffentliche Selektionsvariante

Sichern

Abbildung 5.72: Selektionsvariante anlegen

Sofern nur Sie diese Variante nutzen, speichern Sie diese als Private Selektionsvariante. Andernfalls wählen Sie die Öffentliche Selektionsvariante.

Die private Variante ist an Ihre User-ID gebunden und nur für Sie sichtbar. Sie ist meist die bessere Option, wenn die Liste der Varianten übersichtlich bleiben soll.

Sichern Sie die Variante mit Klick auf Sichern.

Die gespeicherte Variante holen Sie sich wieder über den Menüpfad Neustart • SAP-Standard • Variante auf den Bildschirm (siehe Abbildung 5.73).

Abbildung 5.73: Selektionsvariante aufrufen

Sie können die Variante auch als Default-Sicht speichern. Dazu müssen Sie die Benutzereinstellungen im Batch Information Cockpit aufrufen (siehe Abbildung 5.74).

Legen Sie hier Ihre Variante als Starteinstellung fest (siehe Abbildung 5.75).

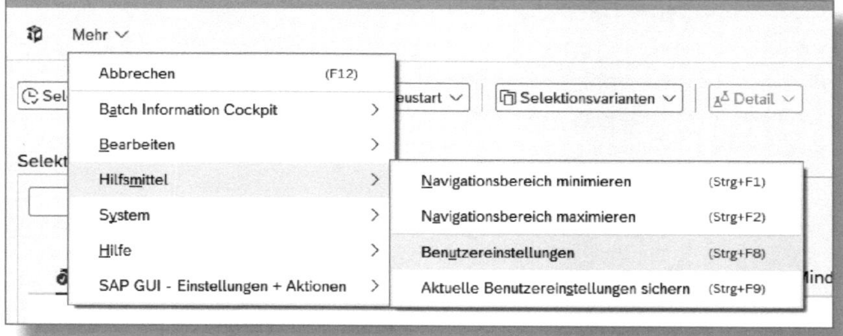

Abbildung 5.74: Benutzereinstellungen im Batch Information Cockpit

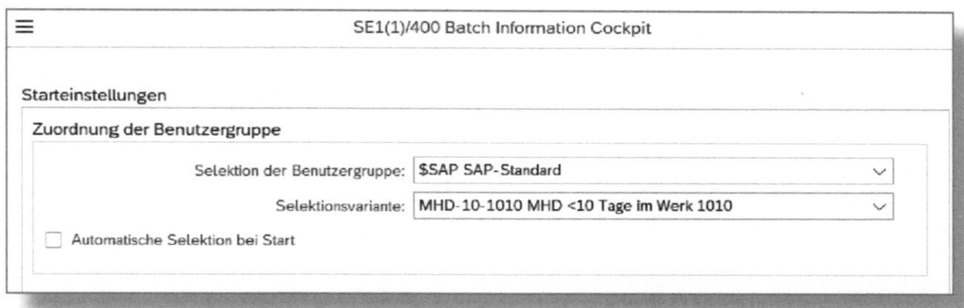

Abbildung 5.75: Festlegung der Variante als Starteinstellung

Wenn Sie darüber hinaus noch den Haken bei AUTOMATISCHE SELEKTION BEI START setzen, zeigt Ihnen das System keinen Selektionsbildschirm mehr an – die eingestellte Selektion wird sofort ausgeführt.

Selektionsvariante

Legen Sie eine Selektionsvariante in den Benutzereinstellungen fest oder ändern Sie andere Werte, müssen Sie das Batch Information Cockpit neu starten, damit die Änderungen aktiviert werden.

Ausführung einer Selektion

Um eine Selektion auszuführen, rufen Sie das Batch Information Cockpit mit den eben gesicherten Benutzereinstellungen auf. In den Selektionsbildschirmen erscheinen direkt die Werte der voreingestellten Variante (siehe Abbildung 5.76 und Abbildung 5.77).

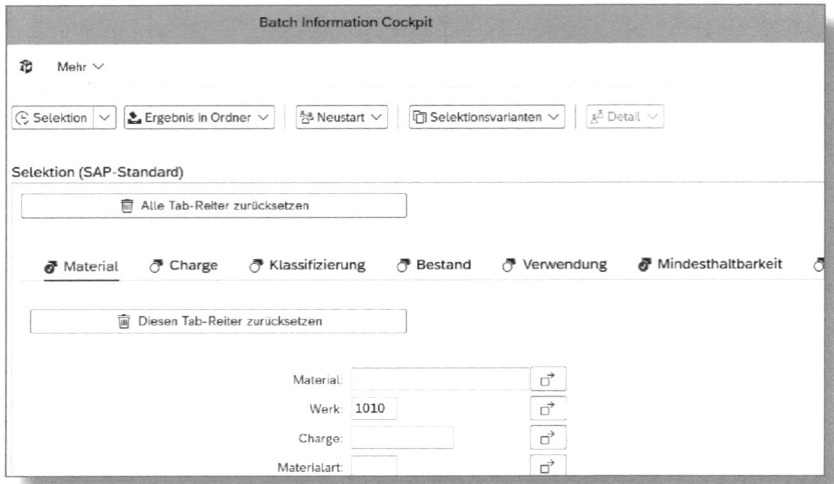

Abbildung 5.76: Materialsicht der Variante

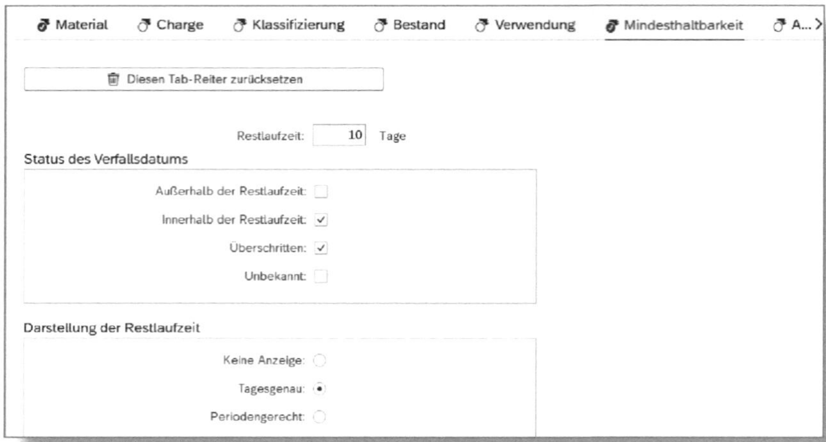

Abbildung 5.77: Mindesthaltbarkeitssicht der Variante

Sie können bereits aus der Kennzeichnung der Reiter ersehen, welche Sichten gepflegt wurden, also wo voreingestellte Daten vorhanden sind (siehe Abbildung 5.78).

Abbildung 5.78: Kennzeichnung der Reiter

Danach führen Sie mit einem Klick auf den Push-Button Selektion ausführen die entsprechende Auswertung direkt aus.

Als Ergebnis bekommen Sie auf der linken Bildschirmseite die Chargen und Materialien angezeigt, die in den gewählten Zeitraum fallen (siehe Abbildung 5.79).

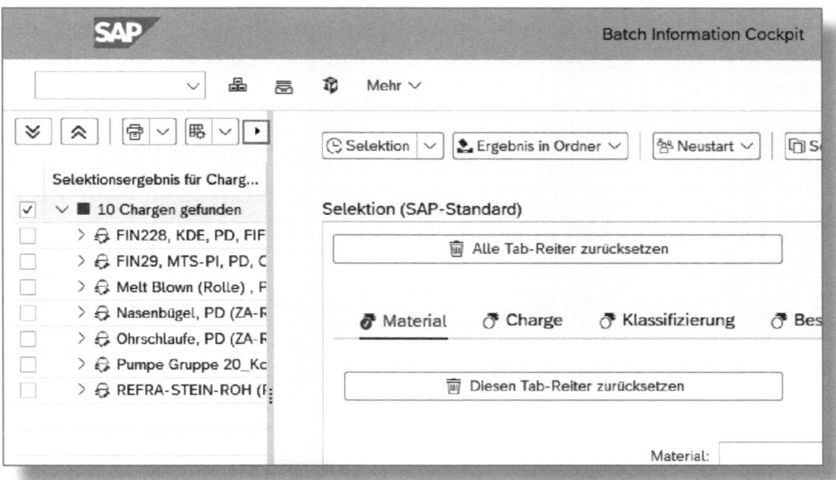

Abbildung 5.79: Ausgeführte Variante

Da in dieser Sicht nur wenig zu erkennen ist, nutzen Sie den kleinen Pfeil in der Symbolleiste (in Abbildung 5.79 markiert) und scrollen auf die rechte Seite, bis Sie zum Push-Button Liste kommen. Klicken Sie darauf und ziehen Sie das Fenster nach rechts auf, um alle Daten angezeigt zu bekommen (siehe Abbildung 5.80).

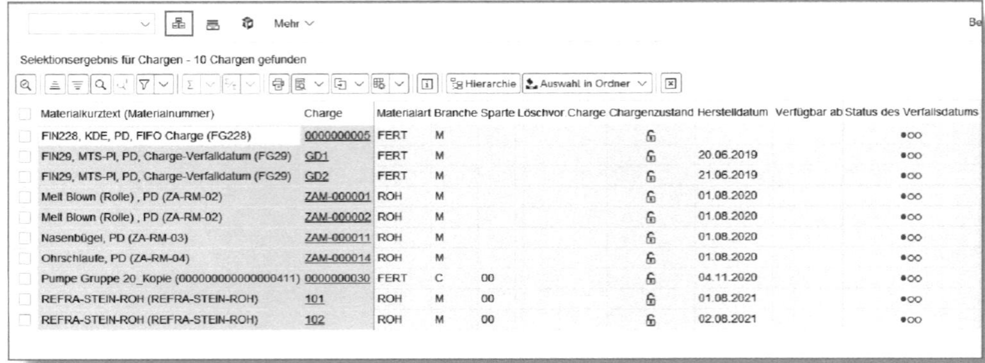

Abbildung 5.80: Selektionsergebnis

Diese Ansicht betrifft nur die Chargenwerte. Eine Anzeige und Auswertung für Chargen mit Bestand erhalten Sie, wenn Sie in der Abbildung 5.80 links oben auf den Button 品 (»Selektionsergebnis für Bestand«) klicken (in Abbildung 5.81 markiert).

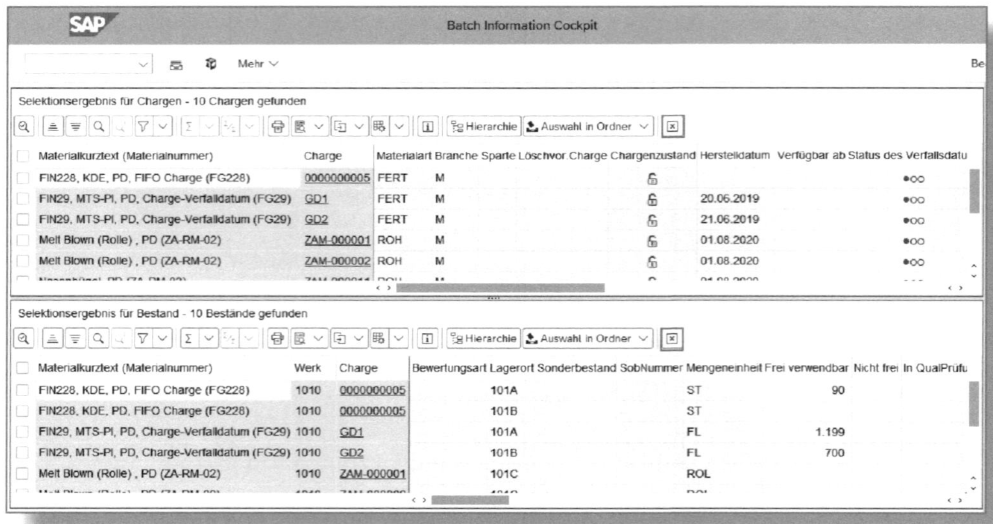

Abbildung 5.81: Selektionsergebnis für Bestand

Sie können zur besseren Übersichtlichkeit mit einem Klick auf [×] die jeweilige Ansicht wieder schließen (in Abbildung 5.81 markiert).

Auf diese Weise wird die jeweilig verbleibende Sicht vergrößert (siehe Abbildung 5.82), und Sie können diese zur weiteren Auswertung bearbeiten.

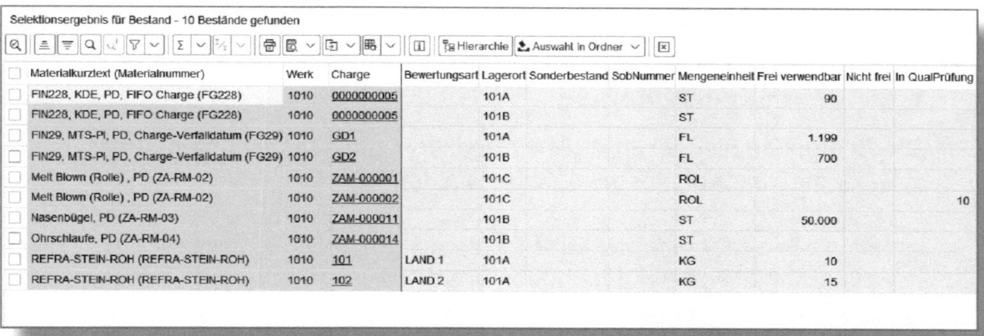

Selektionsergebnis für Bestand - 10 Bestände gefunden

Materialkurztext (Materialnummer)	Werk	Charge	Bewertungsart	Lagerort	Sonderbestand	SobNummer	Mengeneinheit	Frei verwendbar	Nicht frei	In QualPrüfung
FIN228, KDE, PD, FIFO Charge (FG228)	1010	0000000005		101A			ST	90		
FIN228, KDE, PD, FIFO Charge (FG228)	1010	0000000005		101B			ST			
FIN29, MTS-PI, PD, Charge-Verfalldatum (FG29)	1010	GD1		101A			FL	1.199		
FIN29, MTS-PI, PD, Charge-Verfalldatum (FG29)	1010	GD2		101B			FL	700		
Melt Blown (Rolle) , PD (ZA-RM-02)	1010	ZAM-000001		101C			ROL			
Melt Blown (Rolle) , PD (ZA-RM-02)	1010	ZAM-000002		101C			ROL			10
Nasenbügel, PD (ZA-RM-03)	1010	ZAM-000011		101B			ST	50.000		
Ohrschlaufe, PD (ZA-RM-04)	1010	ZAM-000014		101B			ST			
REFRA-STEIN-ROH (REFRA-STEIN-ROH)	1010	101	LAND 1	101A			KG	10		
REFRA-STEIN-ROH (REFRA-STEIN-ROH)	1010	102	LAND 2	101A			KG	15		

Abbildung 5.82: Detailergebnis für Bestand

Mit den beiden Push-Buttons [Exportieren] (»Exportieren«) und [Ansichten] (»Ansichten«) bereiten Sie die Daten auf (siehe Abbildung 5.83 und Abbildung 5.84).

Abbildung 5.83: Möglichkeiten zum Datenexport

Abbildung 5.84: Möglichkeiten zur Ansicht innerhalb des Batch Information Cockpit

5.5 Chargenarchivierung

Die Chargenarchivierung ist die Folgeaktion zur Chargenhistorie und z. B. für die Pharmaindustrie äußerst wichtig.

Arbeiten Sie in der pharmazeutischen Industrie, müssen Sie eine Reihe von gesetzlichen Bestimmungen beachten. Als Überbegriff für die Qualitätssicherung in der Produktion ist der Begriff der Good Manufacturing Practice (GMP) einschlägig. Diese Bestimmungen beschreiben unter anderem, welche Voraussetzungen erfüllt sein müssen, damit ein Produkt eine entsprechende Zulassung erhält.

Für Europa regelt das die EU-Richtlinie 2003/94/EG; für die USA ist dies die FDA-Verordnung 21 CFR, Part 11.

Neben den Berechtigungen in Bezug auf den Umgang mit Chargen (Chargen anlegen oder ändern, Berechtigung für chargenrelevante Daten im Materialstamm, Änderungsberechtigung von Chargenklassen etc.) regeln diese Bestimmungen auch, dass entsprechende Belege zum Nachweis der Chargenhistorie geschrieben werden.

Die Chargenhistorie konnte in den früheren SAP-ECC-Versionen über einen zusätzlichen Reiter im Batch Information Cockpit angezeigt werden, der über eine Einstellung im Customizing aktiviert werden musste. In S4/HANA ist das nicht mehr möglich, die Chargenhistorie erfordert nun eine Archivierung der Chargendaten.

Die Archivierung kann sowohl manuell angestoßen als auch im Hintergrund als Batchjob periodisch ausgeführt werden.

Dabei sollte Ihre Systemverwaltung die Einrichtung der Archivierung durchführen, da auch Customizing-Einstellungen dafür vonnöten sind.

Das zu pflegende Archivierungsobjekt ist LO_BH_BRO (siehe Abbildung 5.85).

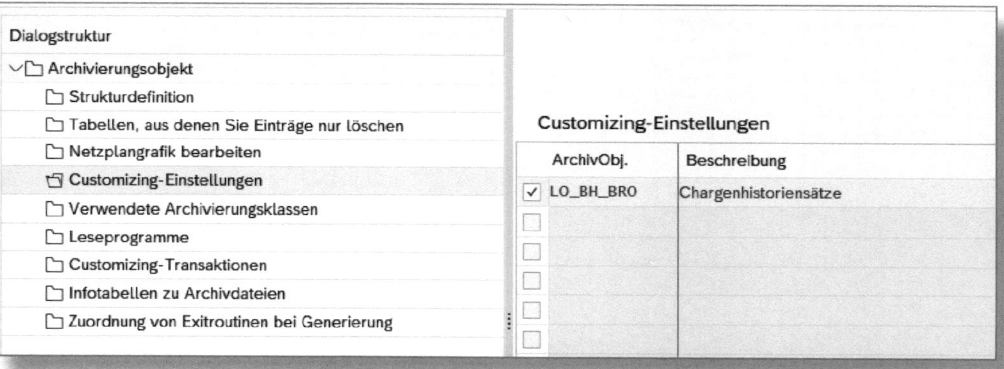

Abbildung 5.85: Archivierungsobjekt für Chargen

Ist dieses Objekt komplett konfiguriert, muss über die Archivadministration (siehe Abbildung 5.87) das Archivierungsobjekt mit einer Variante angelegt und turnusmäßig gestartet werden. Diese Einstellungen nehmen Sie mit der Transaktion *SARA* vor (siehe Abbildung 5.86).

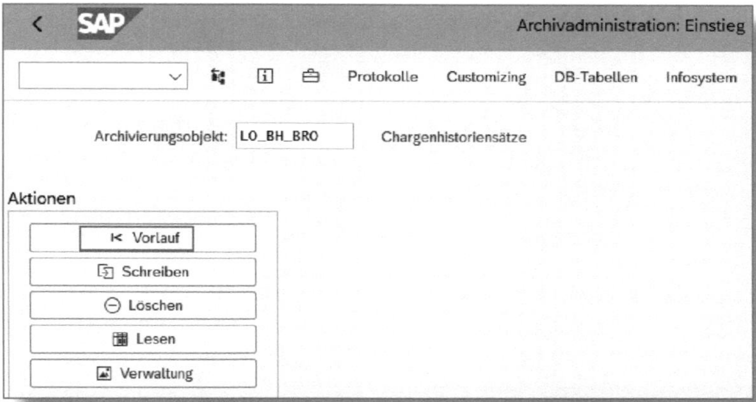

SAP
Archivadministration: Einstieg
Protokolle
Customizing
DB-Tabellen
Infosystem
Archivierungsobjekt: LO_BH_BRO
Chargenhistoriensätze
Aktionen
Vorlauf
Schreiben
Löschen
Lesen
Verwaltung

Abbildung 5.86: Einstieg in die Archivadministration

Über den Button ⇤ Vorlauf können Sie ein Programm starten, das prüft, ob alle Voraussetzungen für die Löschung eines Objekts erfüllt sind (siehe Abbildung 5.87).

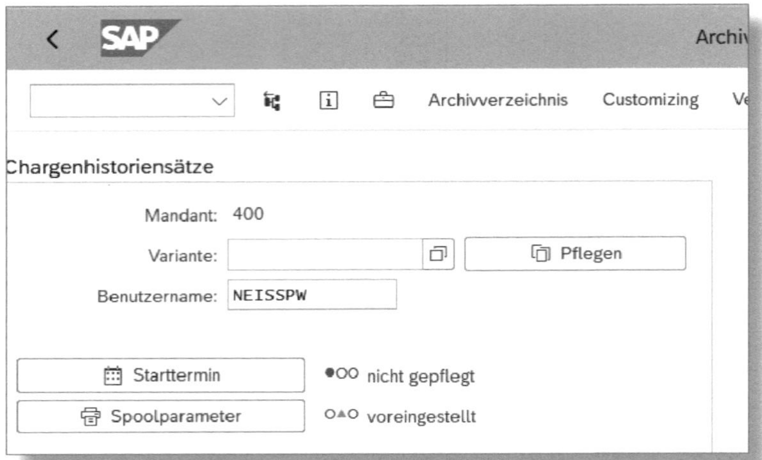

Abbildung 5.87: Archivadministration für Chargenarchivierung

Archivierung in SAP

Im Rahmen der Archivierung werden Datenstammsätze in ein Archiv geschrieben, der Datensatz in der SAP-Datenbank wird dabei gelöscht. Diese Archivierungsläufe werden in vielen Firmen turnusmäßig durchgeführt, um die Systemperformance zu erhalten bzw. zu verbessern. Die archivierten Daten sind danach aus den »normalen« Sichten in SAP nicht mehr erreichbar, können jedoch wieder sichtbar gemacht oder reaktiviert werden.

Das Vorlaufprogramm ist optional, es kontrolliert z. B., ob all diejenigen Geschäftsprozesse abgeschlossen sind, welche die zu archivierenden Chargen nutzen. Während dieser Vorlaufphase werden keine Daten im System beeinflusst oder gelöscht.

Ihre Variante zur Archivierung müssen Sie sowohl beim Vorlauf als auch beim Schreiben angeben (siehe Abbildung 5.88).

Sofern noch keine Variante angelegt ist, holen Sie dies über den Button Pflegen nach (siehe Abbildung 5.87).

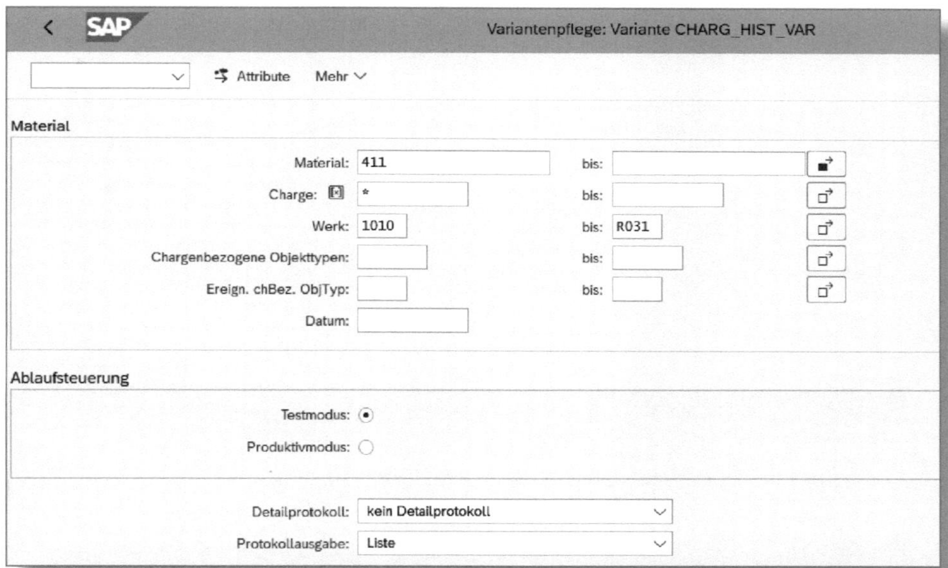

Abbildung 5.88: Variantenpflege

Sobald Sie die Variante gesichert haben, können Sie mit dem Button Starttermin den Job entsprechend Ihren Anforderungen einplanen. Das kennen Sie wahrscheinlich von anderen Hintergrundjobs, es funktioniert hier genauso (siehe Abbildung 5.89).

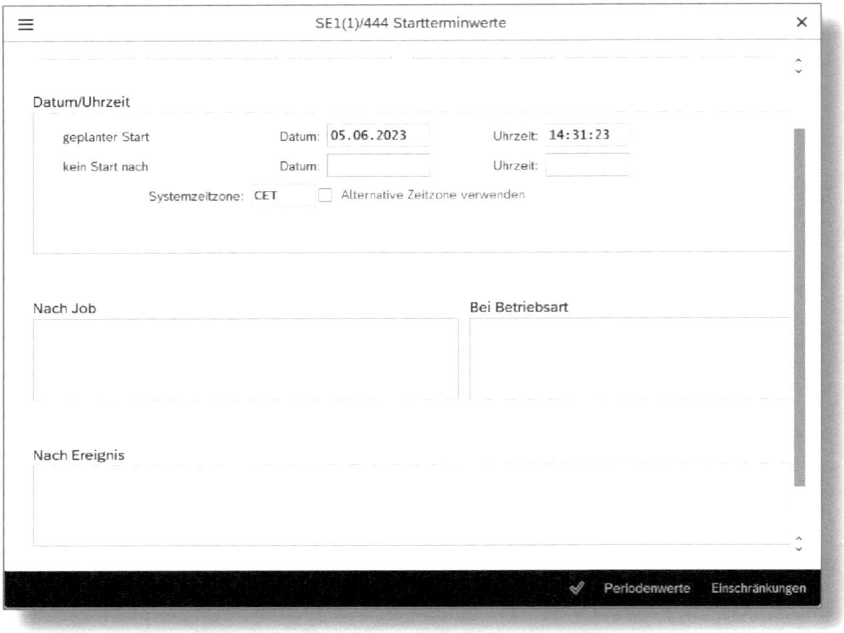

Abbildung 5.89: Job einplanen, hier nach Datum und Uhrzeit

Klicken Sie auf den Button **Periodenwerte**, um festzulegen, in welchen Abständen der Job ausgeführt werden soll (siehe Abbildung 5.90).

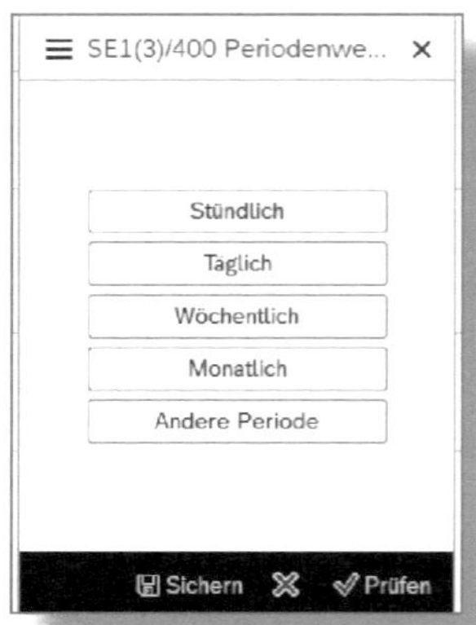

Abbildung 5.90: Bestimmung der Periode zur Jobdurchführung

Nach Ausführung des Jobs erzeugt das System eine Jobübersicht des Vorlaufprogramms. Hier können Sie einsehen, ob es zu archivierende Chargen gibt und ob diese zur Archivierung bereit sind.

Anschließend können Sie in der Archivierung (Transaktion *SARA*, siehe Abbildung 5.86) mit Klick auf den Button Schreiben den Archivierungslauf starten oder auch als Job, wie gerade beschrieben, einplanen. Allerdings ist auch hier zu beachten, dass Sie für den Hintergrundjob eine Variante des auszuführenden Programms anlegen müssen. Das Schreibprogramm erstellt eine temporäre Archivdatei, auf die später das Löschprogramm zugreift.

Nur wenn Sie die Archivierung über das Vorlaufprogramm beginnen, startet der Löschvorgang automatisch nach dem Schreibprogramm. Andernfalls müssen Sie das Löschprogramm manuell starten.

Dazu klicken Sie auf den Button Löschen (siehe Abbildung 5.86) und gelangen so in die Auswahl der zu löschenden Archive sowie der Starttermine für den Hintergrundjob (siehe Abbildung 5.91).

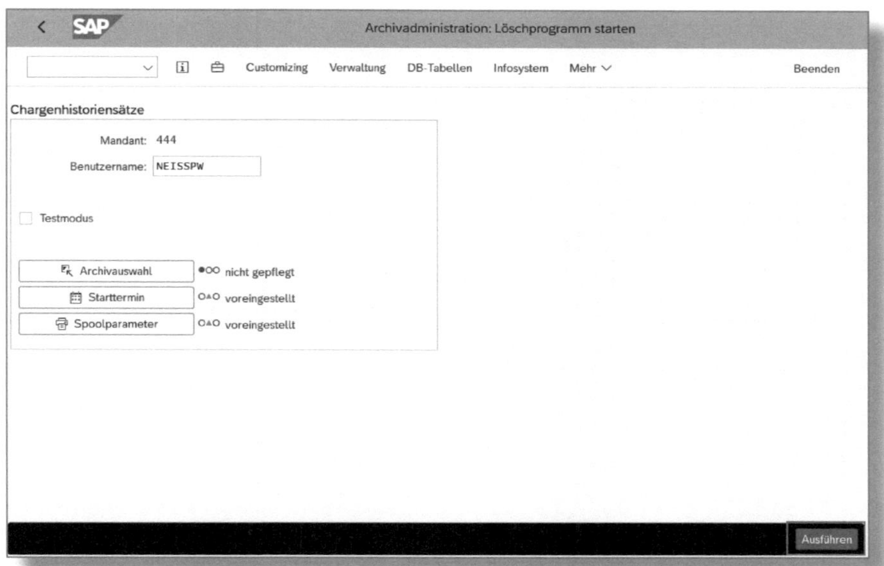

Abbildung 5.91: Löschprogramm

Sofern es Dateien zum Löschen gibt (gemäß der temporär erstellten Archivdatei), werden diese nach Klick auf AUSFÜHREN gelistet (siehe Abbildung 5.92) und können entsprechend markiert werden.

Abbildung 5.92: Mögliche Dateien zum Löschen

Danach stellen Sie die Startparameter ein, wie in Abbildung 5.89 erläutert, und starten den Hintergrundjob.

Sie können sich die archivierten Daten mit einem Klick auf den Button Lesen in der Transaktion *SARA* anzeigen lassen.

SAP startet das Leseprogramm (siehe Abbildung 5.93).

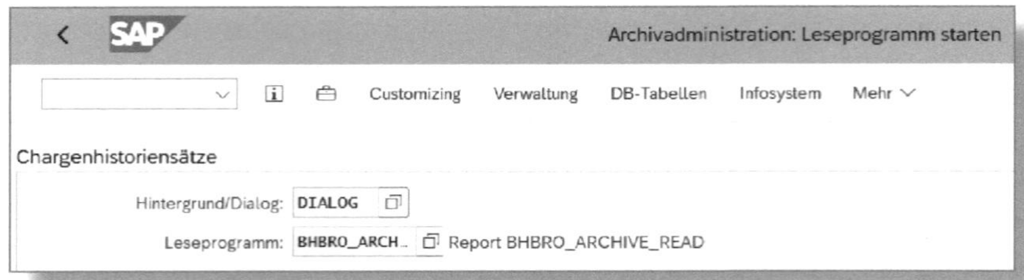

Abbildung 5.93: Leseprogramm starten

Sofern es zu lesende Dateien gibt, lassen sich diese über die Auswahl markieren und drucken (siehe Abbildung 5.94).

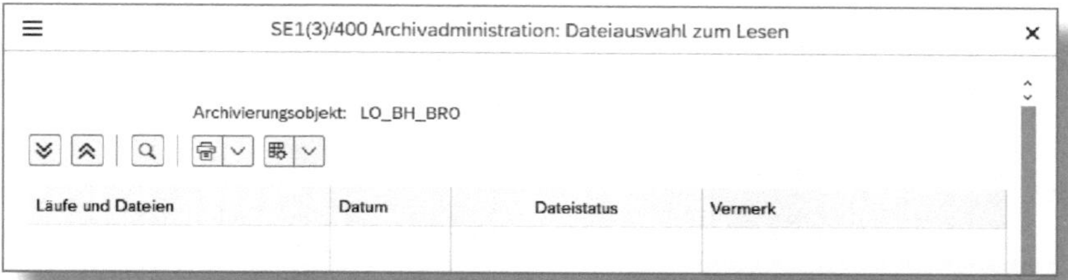

Abbildung 5.94: Mögliche Dateien zum Lesen

Sie können sich die Daten auch in der Chargenverwendung anzeigen lassen. Das ist sowohl aus der Transaktion *MB56* als auch im Batch Information Cockpit möglich. Sie müssen dazu nur die entsprechende Markierung im jeweiligen Selektionsbildschirm zur Chargenverwendung setzen (siehe Abbildung 5.95).

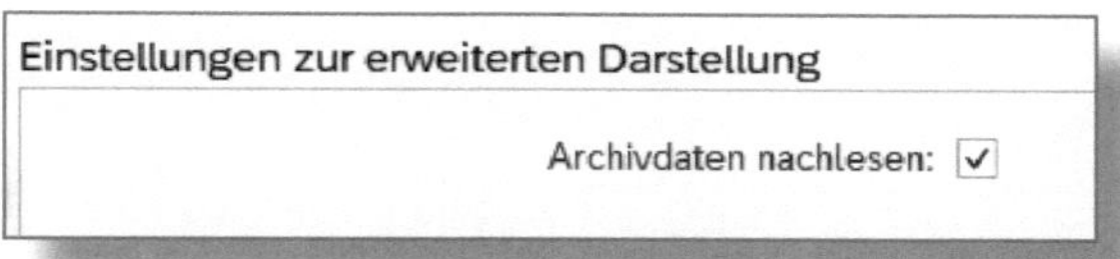

Abbildung 5.95: Archivdateien nachlesen

! Elektronisches Chargenprotokoll – ein Auslaufmodell

Leider sieht die SAP das elektronische Chargenprotokoll (Electronic Batch Record – EBR) nicht mehr als Zukunftstechnologie an, es steht im Release S/4 HANA-2020 nur noch mit eingeschränkten Rechten zur Verfügung. Aus diesem Grund habe ich in diesem Zusammenhang nur die Verwendung der Chargenhistorie beschrieben. Da zurzeit noch kein funktionaler Nachfolger verfügbar ist, empfiehlt die SAP, vor einem Upgrade auf S/4HANA eventuell noch offene Genehmigungsverfahren für elektronische Chargenprotokolle abzuschließen.

6 Übergreifende Prozesse mit der Chargenverwaltung

Ich möchte Ihnen in diesem Kapitel anhand einiger Szenarien erklären, wie Chargen in bestimmten wichtigen Funktionen der Logistik gehandhabt werden. Dabei beziehe ich mich auf die Lager- und Produktionsprozesse und werde Ihnen ebenfalls die Integration zum Qualitätsmanagement näherbringen.

6.1 Integrierte Lagerhaltungsprozesse

Im Folgenden erläutere ich Ihnen, wie die Chargenverwaltung Ihre Lagerverwaltungsprozesse unterstützen kann. Die Lagerverwaltung ist integriert in die Produktions- und Bestandsführungsprozesse. Um Rohstoffe mit bestimmten Eigenschaften einer Produktion beizustellen, suchen Sie die entsprechenden Chargen über eine Chargenfindung aus und stellen sie bereit.

6.1.1 Chargen mit bestimmten Spezifikationen

Wenn Sie Chargen mit bestimmten Spezifikationen einsetzen möchten, sollten Sie die Chargenfindung bereits im Produktionsauftrag vornehmen.

Zu diesem Zweck markieren Sie in der KOMPONENTENÜBERSICHT das chargenpflichtige Material (siehe Abbildung 6.1) und klicken auf den Button (»Chargenfindung«).

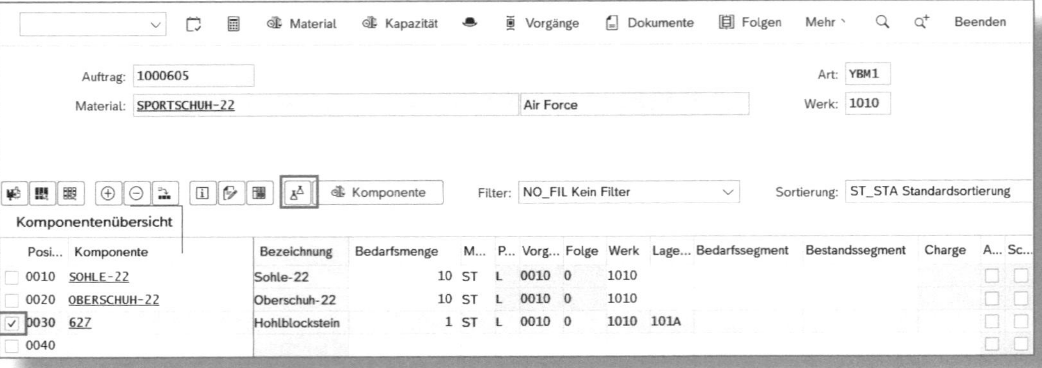

Abbildung 6.1: Chargenfindung im Produktionsauftrag

☛ Chargenfindung über F4-Suchhilfe

Sie können die Charge auch suchen, indem Sie im Feld CHARGE auf die Suchhilfe F4 klicken und eine Charge zum Material auswählen. Mit dieser Methode haben Sie jedoch nicht die Möglichkeit, eine Chargensuchstrategie anzuwenden.

Haben Sie die Chargenfindung ausgeführt und es existiert mindestens eine verfügbare Charge, werden Ihnen alle Chargen, die den Selektionskriterien der Chargenfindung entsprechen, mit den jeweiligen verfügbaren Mengen angezeigt (siehe Abbildung 6.2), und zwar gemäß der in der Chargensuchstrategie hinterlegten Reihenfolge.

Die ausgewählte Charge wird in den Produktionsauftrag übernommen und über den Bereitstellungsauftrag vom Lager zur Verfügung gestellt.

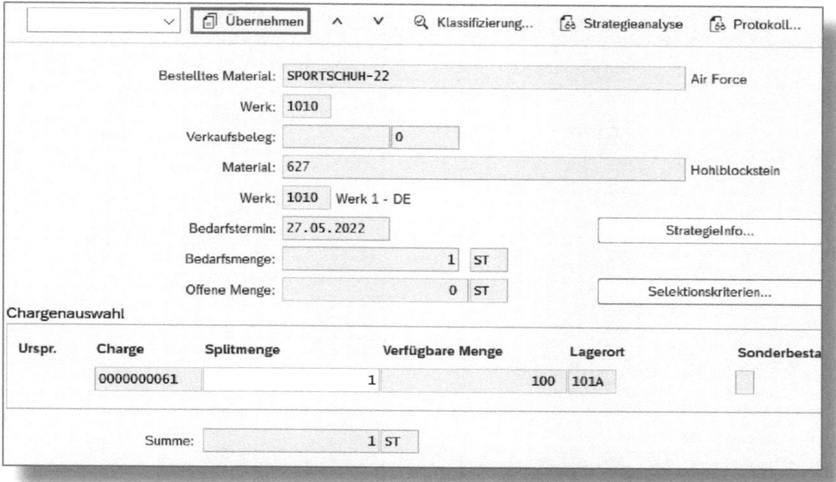

Abbildung 6.2: Ergebnis der Chargenfindung

6.1.2 Chargen ohne spezielle Anforderungen

Sofern keine speziellen Anforderungen an die Charge bestehen, kann die Chargenfindung auch während der Bereitstellung im Lager durchgeführt werden. In diesem Fall wird nur nach solchen Chargen gesucht, die nicht gesperrt sind und das MHD noch nicht erreicht haben.

Zu diesem Zweck stoßen Sie die Bereitstellung entweder manuell über die Transaktion *LP10* (siehe Abbildung 6.3) oder – und das ist sicher die bevorzugte Art – über einen Eintrag im Fertigungssteuerungsprofil (Customizing) an.

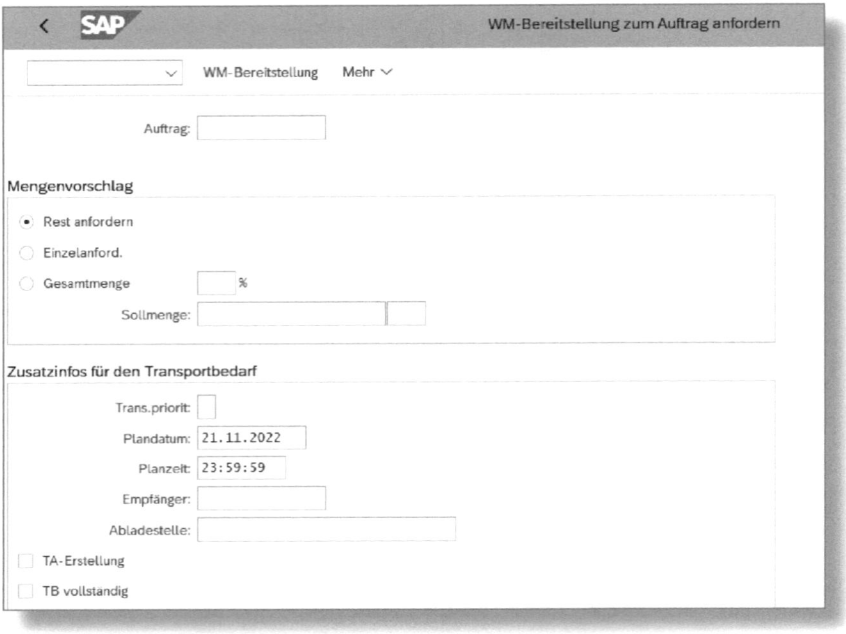

SAP WM-Bereitstellung zum Auftrag anfordern

WM-Bereitstellung Mehr

Auftrag:

Mengenvorschlag

Rest anfordern

Einzelanford.

Gesamtmenge %

Sollmenge:

Zusatzinfos für den Transportbedarf

Trans.priorit:

Plandatum: 21.11.2022

Planzeit: 23:59:59

Empfänger:

Abladestelle:

TA-Erstellung

TB vollständig

Abbildung 6.3: Manueller Anstoß für WM-Bereitstellung

Das System legt einen Transportauftrag an, sofern das in der Anforderung der Bereitstellung markiert ist (TA-ERSTELLUNG, siehe Abbildung 6.3).

Sobald dieser Transportauftrag quittiert wurde, sucht das System nach vorhandenen Chargen und ordnet diese dem Produktionsauftrag zu.

6.2 Integration zwischen Chargenverwaltung, Qualitätsmanagement und Produktion

Über das Modul Qualitätsmanagement (QM) können Sie eine Ableitung von Prüfergebnissen in die Charge einstellen. Dies wiederum erlaubt es Ihnen, über die Chargenfindung nur Chargen zu suchen, die entweder ein Ergebnis innerhalb vorgegebener Spezifikationsgrenzen oder aber eines aus einem Ergebniskatalog aufweisen. Ebenso kann der Prüfentscheid, der sogenannte Verwendungsentscheid, an die Charge übergeben werden, was ebenfalls die Findung einer korrekten Charge ermöglicht.

6.2.1 Fertigungsbegleitende Prüfung (Inprozesskontrolle)

Arbeiten Sie mit fertigungsbegleitender Prüfung, lässt sich als eigener Arbeitsschritt im Planungsrezept ein Prüflos erstellen. Haben Sie eine *Prüfpunktabwicklung* eingerichtet, können Sie eine Prüfung mehrmals durchführen, ohne jedes Mal ein neues Prüflos anzulegen. Solche Prüfpunkte bieten Ihnen die Möglichkeit, eine Prüfung nach einer gewissen Zeit erneut durchzuführen, eine Prüfung pro Arbeitsschicht zu erstellen oder auch Prüfungen nach eigener Entscheidung zu wiederholen (siehe auch Abschnitt 6.2.3).

Fertigungsendprüfung

Am Ende einer Produktion ist eine Endprüfung möglich, deren Ergebnisse ebenfalls in die Charge übertragen werden können. Damit lässt sich eine kundenbezogene Chargenfindung durchführen, die sicherstellt, dass jeder Kunde nur dasjenige Material erhält, das seiner Spezifikation entspricht.

Durch die fertigungsbegleitende Prüfung bleiben Sie innerhalb einer Produktion äußerst flexibel und können schnell auf geänderte Parameter reagieren. Bei Schwankungen innerhalb eines Produktionsauftrags lässt sich die Herstellung der laufenden Charge kurzfristig beenden und eine neue mit den geänderten Werten einstellen. Da aber innerhalb eines Produktionsauftrags immer nur ein einziges fertigungsbegleitendes Prüflos erstellt werden kann, müssen Sie nach dem Chargenwechsel einen neuen Prüfpunkt anlegen; dieser entspricht innerhalb des Prüfloses einem Teillos mit kompletter Prüfung.

Buchtipp zur fertigungsbegleitenden Prüfung

Alles zu Stammdaten und Einstellungen für diese Art der Prüfung können Sie in meinem Buch »Schnelleinstieg ins Qualitätsmanagement mit SAP QM« (Espresso Tutorials, 2019) nachlesen: *http://5266.espresso-tutorials.de.*

6.2.2 Flexible Rezepturanpassung

Sofern Sie mit Prozessaufträgen des Moduls PP-PI arbeiten, können Sie die eingesetzten Mengen flexibel an den Wirkstoffanteil einer Komponente anpassen. Dazu ist allerdings eine Programmierung erforderlich.

In diesem Zusammenhang wird eine aktive Wirksubstanz, die während der Qualitätsprüfung ermittelt und an die Charge übergeben wurde, zur Neuberechnung des Planungsrezepts herangezogen.

Berechnungsbeispiel flexible Rezepturanpassung

Sollmenge im Fertigprodukt: 40 %

Sollwert aktiver Wirkstoff in der Komponente: 60 %

Rezeptur:

- Aktivsubstanz: 66,667 %
- Andere Substanzen: 33,333 %

Gemessene Aktivsubstanz beim Wareneingang: 58 %

Angepasste Rezeptur:

- Aktivsubstanz: 68,967 %
- Andere Substanzen: 31,035 %

Mittels der prozessbegleitenden Prüfung (Inprozesskontrolle) kann der tatsächliche Wirkstoffgehalt fortwährend geprüft werden. Bei einer Abweichung wird entweder eine neue Charge begonnen oder die Rezeptur angeglichen.

! Formel für flexible Rezepturanpassung hinterlegen

Die jeweilige Formel muss in der Kundenentwicklung hinterlegt sein, damit die Verhältnisse der Wirksubstanzen korrekt ermittelt werden.

6.2.3 Arbeiten mit Teillosen und Chargen in der Prüfpunktbewertung

Wenn ein Material in der Produktion Qualitätsschwankungen aufweist und daher zu unterschiedlichen Chargen gebucht wird, können Sie ein Teillos erstellen.

Ein Teillos wird immer einem Prüfpunkt zugeordnet und enthält Materialmengen ähnlicher Qualität. Das Fertigprodukt muss, damit Sie ein Teillos erstellen können, nicht in Chargen geführt werden. Ist es allerdings chargenpflichtig, lassen sich auch mehrere Teillose zu einer Charge zuweisen.

Erstellung eines Teilloses und Zuordnung zu einer Charge

Nachdem die Ergebnisse zu einem Prüfpunkt vorliegen, können Sie ein Teillos erstellen.

Klicken Sie hierfür in der Ergebniserfassung auf den Push-Button 🔍, rechts neben dem Feld PRÜFPUNKT (siehe Abbildung 6.4).

Abbildung 6.4: Ergebniserfassung zum Prüfpunkt

Das System öffnet nun die Prüfpunktbewertung mit der Möglichkeit zur Anlage eines Teilloses (siehe Abbildung 6.5).

Sie legen an dieser Stelle fest, was mit der Menge geschehen soll, die Sie dem Teillos zuordnen. Sie können dabei wählen zwischen:

- GUTMENGE: Geben Sie hier die Menge ein, die Sie in den frei verfügbaren Bestand gebucht haben möchten.
- AUSSCHUSS: In diesem Feld geben Sie die Menge an, die als Ausschuss behandelt, also vernichtet werden soll.
- NACHARBEIT: Die an dieser Stelle festgelegte Menge soll zur Nacharbeit gehen.

Des Weiteren können Sie die vom System vorgeschlagene BEWERTUNG des Prüfpunkts ändern. Ferner bekommen Sie den HINWEIS, dass zu diesem Prüfpunkt noch kein Teillos erstellt wurde.

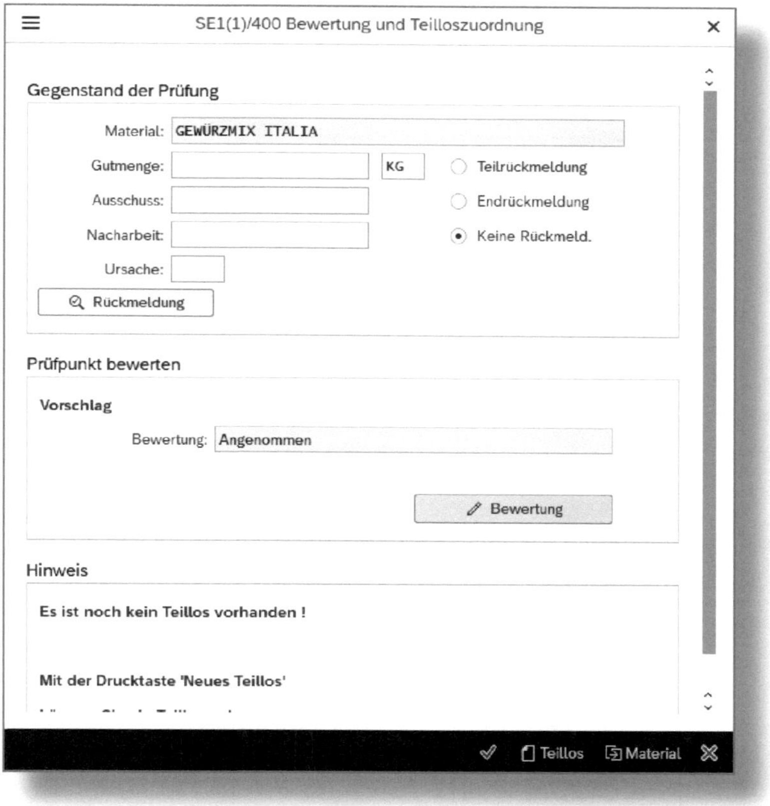

Abbildung 6.5: Prüfpunktbewertung mit Anlage eines Teilloses

Prüfpunktbewertung

Jeder Prüfpunkt im Prüflos bezieht sich auf alle Merkmale eines Vorgangs. Er wird, ähnlich dem Verwendungsentscheid, separat bewertet. Die Bewertung wird normalerweise mit »Angenommen« oder »Rückgewiesen« dargestellt. Dieser Prozess ist im Fachbuch »Schnelleinstieg ins Qualitätsmanagement mit SAP QM« (Espresso Tutorials, 2019 – *http://5266.espresso-tutorials.de*) näher erläutert.

Klicken Sie dazu auf den Button Teillos. In dem folgenden Pop-up-Fenster können Sie eine kurze Beschreibung abgeben, warum das Teillos angelegt wurde (siehe Abbildung 6.6).

Abbildung 6.6: Teillos anlegen

Bestätigen Sie mit einem Klick auf ✓. Das System hat (Voraussetzung ist eine entsprechende Vorgabe in den Prüfeinstellungen des Materialstamms) dem TEILLOS 1 automatisch die CHARGE 0000000135 zugeordnet (siehe Abbildung 6.7).

Abbildung 6.7: Teillos zur Charge zugeordnet

Sofern die Charge dem Teillos nicht automatisch zugeordnet wird, können Sie sie über den Button Charge anlegen und dem Teillos zuweisen.

Mithilfe der Verwendungsentscheidtransaktion (aus dem SAP Qualitätsmanagement Transaktion *QA11*) lassen sich alle TEILLOSE anzeigen (siehe Abbildung 6.8).

SE1(1)/400 Prüfpunkte zum Prüflos

Teillos	Kurztext	Charge	Kurztext	Vrg	Prüfpunkt	Gutmenge	Prüfpktaussch.	Nacharbeit	Ppk...
1	Ergebnis an unterem Limit	0000000135	Angenommen						
				0020	29.11.22/ 13:51:22	4	0	0	KG
					*** Gesamtmenge je Teillos ***	4,000			
2	Werte im Mittelbereich	0000000137	Angenommen						
				0020	29.11.22/ 15:12:31	96	0	0	KG
					*** Gesamtmenge je Teillos ***	96,000			

Abbildung 6.8: Alle Teillose zum Prüflos

Wenn Sie jetzt den Wareneingang zu diesem Produktionsauftrag buchen, kann dies für jede CHARGE einzeln geschehen, z. B. jede auf einen anderen LAGERORT (siehe Abbildung 6.9).

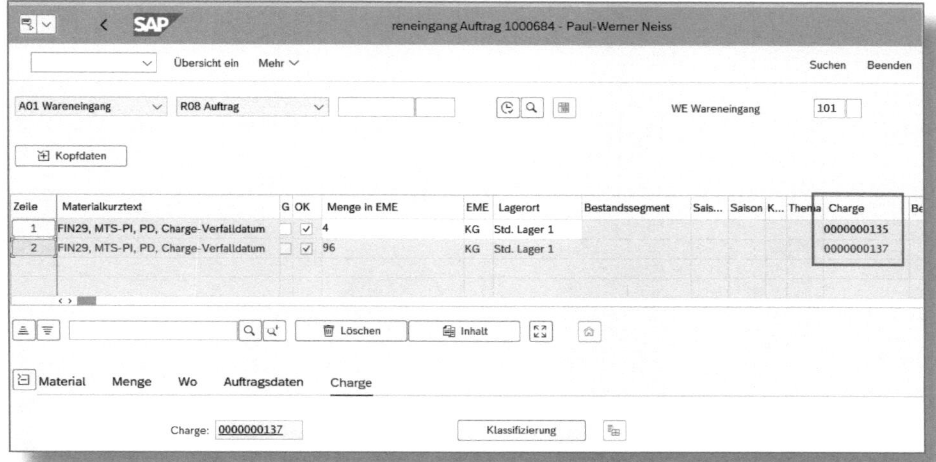

Abbildung 6.9: Wareneingang zum Produktionsauftrag

7 Nützliche Transaktionen im GUI-Modus

In Tabelle 7.1 nenne ich Ihnen einige nützliche Transaktionen, die Sie für das Arbeiten mit der Chargenverwaltung benötigen.

T-Code	Bezeichnung
BM00	Bereichsmenü Chargenverwaltung
BMBC	Batch Information Cockpit
MSC1N	Charge anlegen
MSC2N	Charge ändern
MSC3N	Charge anzeigen
MSC4N	Änderungen anzeigen
MSC5N	Massenbearbeitung
MBC1/MBC2/MBC3	Chargensuchstrategie für Bestandsführung anlegen/ändern/anzeigen
COB1/COB2/COB3	Chargensuchstrategie für Fertigungsauftrag oder Prozessauftrag anlegen/ändern/anzeigen
VCH1/VCH2/VCH3	Chargensuchstrategie für Vertrieb anlegen/ändern/anzeigen
LS51/LS52/LS53	Chargensuchstrategie für Lagerverwaltung anlegen/ändern/anzeigen
CT04	Merkmalsverwaltung
CU70	Sortierregel anlegen
CU71	Sortierregel ändern
CU72	Sortierregel anzeigen
MB5C	Chargenverwendung – Pick-up-Liste
MB56	Chargenverwendungsnachweis (Anzeige)
DVMO	Chargenableitungsmonitor
DVMAN	Manuelle Ableitung
DVR1	Empfängerkonditionssätze anlegen
DVR2	Empfängerkonditionssätze ändern
DVR3	Empfängerkonditionssätze anzeigen

T-Code	Bezeichnung
DVS1	Senderkonditionssätze anlegen
DVS2	Senderkonditionssätze ändern
DVS3	Senderkonditionssätze anzeigen
MB5M	Terminüberwachung MHD-Liste
QA07	Periodische Prüfung von Chargen im QM

Tabelle 7.1: Transaktionen für die SAP-Chargenverwaltung

8 Fazit und Ausblick

Ich habe Ihnen in diesem Buch verschiedene Funktionen der Chargenverwaltung nähergebracht. Dazu gehören u. a. die Stammdaten einer Charge, das Anlegen und der Einsatz von Chargenklassen und die Möglichkeiten der Chargenfindung.

Sofern Sie sich für den Einsatz von Chargen entscheiden, ist zwar die Chargenpflicht einzelner Materialien unumkehrbar, die meisten der beschriebenen Funktionen sind jedoch optional verwendbar.

Der Einsatz der Chargenverwaltung ist dann unverzichtbar, wenn Sie in einem Industriezweig arbeiten, in dem eine Chargenrückverfolgung unerlässlich ist. In diesem Fall entscheiden Sie nur, welche der beschriebenen Funktionen sie nutzen möchten. Dafür sollten Sie Aufwand und Nutzen gegeneinander abwägen: Nicht nur die Pflege der Stammdaten ist mit Aufwand verbunden, sondern auch die täglichen Geschäftsabläufe und die damit verbundenen Buchungen – wobei allerdings nahezu alle Bewegungsdaten automatisiert im Hintergrund erstellt und verarbeitet werden können. Der notwendige Aufbau der Stammdaten (Chargenfindung, Chargenableitung etc.) ist in diesem Buch beschrieben.

Ein Ausblick auf Neuerungen in der Chargenverwaltung ist nur sehr schwer möglich. Seitdem es diese Funktion in SAP gibt, ist die Charge als Instrument der Rückverfolgbarkeit eines Produkts bis zum Lieferanten gegeben und unverändert. Im Laufe der Zeit sind einige neue Funktionen hinzugekommen. Für die nahe Zukunft erwarte ich allenfalls einige zusätzliche Möglichkeiten der Kundenerweiterung; hier wurde bereits eine verbesserte Suchfunktion angekündigt. Diese muss in einem sogenannten API-Aufruf erstellt werden.

API-Aufruf

Ein API-Aufruf ist eine Nachricht, die an einen Server gesandt wird und dort ein Programm (Application Programming Interface – API) startet und darüber Informationen zur Verfügung stellt.

Weitere Änderungen sind in der Fiori-App »Chargen verwalten« geplant. Das Verfallsdatum kann nun neu ermittelt werden, wenn das Herstelldatum der Charge geändert wird und die entsprechenden Daten im Materialstammsatz gepflegt sind.

Ab Release 2022 ist geplant, dass der Chargenstatus bearbeitet werden kann, z. B. lässt sich der Status »frei verwendbar« auf »eingeschränkt« ändern. Auch werden dann die Werke angezeigt, in denen diese Charge verwaltet wird, ebenso das Prüflos, das mit der Charge verknüpft ist.

Es gibt außerdem ein »Entwurfskonzept« für neue oder geänderte Chargen. Wenn Sie eine Charge anlegen oder bearbeiten, müssen Sie in diesem Fall explizit »Sichern« wählen, bis dahin behält das System für 20 Minuten die Werte als Entwurf. Bei einem erneuten Öffnen der Charge (des Entwurfs) müssen Sie die Änderungen neu anlegen. Dadurch wird sichergestellt, dass die Zeit, in der die betreffenden Daten für andere Anwendungen gesperrt sind, auf 20 Minuten begrenzt bleibt.

A Der Autor

Paul-Werner Neiss arbeitete nach seiner Ausbildung und seinem anschließenden Studium viele Jahre in der Entwicklung von Spezialklebstoffen und Kunststoffverarbeitungshilfsmitteln für die chemische Industrie. Während dieser Zeit absolvierte er mehrere Schulungen in den Bereichen Qualitätsmanagement und Instandhaltung und ist bis heute als Auditor für Qualitätsmanagementsysteme nach DIN EN ISO 9000 aktiv.

Seit 1996 ist Neiss freiberuflicher SAP-Berater mit Fokus auf die Module Qualitätsmanagement (QM) sowie Instandhaltung (PM, heute EAM). Infolge der Integration des Qualitätsmanagements zu der Produktion und der gesamten Materialwirtschaft beschäftigt er sich auch mit der Chargenverwaltung in SAP.

In mehr als 40 Projekten weltweit unterstützte er seither die Prozessgestaltung von Instandhaltungs- und QM-Systemen sowie deren Abbildung im SAP-System. Dabei setzt er immer wieder Anforderungen an die Chargenverwaltung um.

Aufgrund seiner Vorbildung liegen seine Haupteinsatzfelder in der Pharma- und Medizintechnik sowie in der chemischen Industrie. Aber auch in anderen Bereichen wie der Schwerindustrie, Automotive, Lebensmittelindustrie und im Handel verfügt er über ein profundes Fachwissen zu den Prozessen des Qualitätsmanagements, der Instandhaltung und der Chargenverwaltung.

B Index

B

I

K

M

R

S

T

U

V

W

C Disclaimer

Die in diesem Werk wiedergegebenen Gebrauchsnamen, Handelsnamen, Warenbezeichnungen usw. können auch ohne besondere Kennzeichnung Marken sein und als solche den gesetzlichen Bestimmungen unterliegen. Sämtliche in diesem Werk abgedruckten Bildschirmabzüge unterliegen dem Urheberrecht der SAP SE, Dietmar-Hopp-Allee 16, 69190 Walldorf.

In dieser Publikation wird auf Produkte der SAP SE Bezug genommen. SAP, R/3, SAP NetWeaver, Duet, PartnerEdge, ByDesign, SAP BusinessObjects Explorer, StreamWork und weitere im Text erwähnte SAP-Produkte und -Dienstleistungen sowie die entsprechenden Logos sind Marken oder eingetragene Marken der SAP SE in Deutschland und anderen Ländern. Business Objects und das Business-Objects-Logo, BusinessObjects, Crystal Reports, Crystal Decisions, Web Intelligence, Xcelsius und andere im Text erwähnte Business-Objects-Produkte und -Dienstleistungen sowie die entsprechenden Logos sind Marken oder eingetragene Marken der Business Objects Software Ltd. Business Objects ist ein Unternehmen der SAP SE. Sybase und Adaptive Server, iAnywhere, Sybase 365, SQL Anywhere und weitere im Text erwähnte Sybase-Produkte und -Dienstleistungen sowie die entsprechenden Logos sind Marken oder eingetragene Marken der Sybase Inc. Sybase ist ein Unternehmen der SAP SE. Alle anderen Namen von Produkten und Dienstleistungen sind Marken der jeweiligen Firmen. Die Angaben im Text sind unverbindlich und dienen lediglich zu Informationszwecken. Produkte können länderspezifische Unterschiede aufweisen.

Der SAP-Konzern übernimmt keinerlei Haftung oder Garantie für Fehler oder Unvollständigkeiten in dieser Publikation. Der SAP-Konzern steht lediglich für SAP-Produkte und -Dienstleistungen nach der Maßgabe ein, die in der Vereinbarung über die jeweiligen Produkte und Dienstleistungen ausdrücklich geregelt ist. Aus den in dieser Publikation enthaltenen Informationen ergibt sich keine weiterführende Haftung.

Weitere Bücher von Espresso Tutorials

Björn Weber, Nikolaus Fankhauser:

Schnelleinstieg in die Produktionsprozesse (PP) in SAP® ERP und S/4HANA® –
3., erweiterte Auflage

- Einstieg in die diskrete Fertigung mit SAP S/4HANA
- Stammdaten, Mengenbedarfsplanung und Fertigungsaufträge im Kontext
- Begrenzte Kapazitäten effektiv planen
- Make-to-Stock-Produktionsbeispiel mit vielen Fiori-Screenshots

http://5387.espresso-tutorials.de

Paul-Werner Neiss:

Schnelleinstieg in SAP S/4HANA® EAM (Anlagenmanagement)

- Darstellung von Stammdaten und Prozessen der Instandhaltung in Fiori-Apps
- Minimierung des Ausfallrisikos mittels geplanter Instandhaltung
- Schadenbeseitigung durch ausfallbedingte Instandhaltung
- Arbeiten mit Meldungen und Instandhaltungsaufträgen

http://5423.espresso-tutorials.de

Ilka Dischinger:

Lohnbearbeitung mit SAP S/4HANA® – Einkaufs- und Produktionsprozesse

- Sonderbeschaffung Lohnbearbeitung mit SAP S/4HANA
- Stammdaten inkl. Dispobereich und Fertigungsversion
- Prozessbeschreibung mit Lohnbearbeitungs-Cockpit
- Tipps und Tricks auch ohne Programmierung

http://5649.espresso-tutorials.de

Ingo Licha:

Einkaufsorientierte Bedarfsplanung mit SAP® – 2. Auflage

- Bestellpunktdisposition, stochastische und rhythmische Dispositio
- Planung, Planverlauf, Bedarfs- bzw. Bestandslisten (MD04) und Prognosen
- Materialstammdaten sowie Customizing der Grundeinstellungen und Prozesse
- 2. Auflage erweitert um themenspezifische Videos

https://es-tu.de/8YqKf5